U0162552

信息安全国家重点实验室信息隐藏领域丛书

视频隐写与隐写分析

赵险峰 张 弘 曹 绘 著

科学出版社

北 京

内 容 简 介

隐写是非受控环境下保护保密通信与数据存储及其行为安全的有效手段，在信息化时代得到了快速发展。随着视频编码与计算机网络等技术的发展与应用，数字视频已成为当前主流的多媒体类型之一，也成为隐写的主要载体类型之一。因此，视频隐写以及检测视频隐写的视频隐写分析技术得到了广泛的关注与研究。本书对当前主流的视频隐写与隐写分析技术进行了系统阐述，主要内容包括：视频隐写与视频隐写分析概述、视频编码基础、运动向量域隐写及其分析、变换系数域隐写及其分析、帧内预测模式域隐写及其分析、帧间预测模式域隐写及其分析、其他域隐写及其分析。此外，本书各章小结和最后一章对主要知识进行了简要梳理，并提供了延伸阅读和进一步思考的方向；除最后一章外，其余各章均设有思考与实践问题以供读者复习巩固之用；附录提供了配套的实验说明，有助于读者在动手实践中加深对所学内容的理解，提高自主研究能力。

本书适合作为信息安全专业研究生的专业课教材，也可供从事信息隐藏或相关领域研究的科研人员阅读参考。

图书在版编目(CIP)数据

视频隐写与隐写分析/赵险峰，张弘，曹纭著. —北京：科学出版社，2021.5
（信息安全国家重点实验室信息隐藏领域丛书）
中国科学院大学网络空间安全学院教材

ISBN 978-7-03-066187-6

Ⅰ.①视… Ⅱ.①赵… ②张… ③曹… Ⅲ.①电子计算机–密码术–高等学校–教材 Ⅳ.①TP309.7

中国版本图书馆 CIP 数据核字(2021) 第 177442 号

责任编辑：阚　瑞／责任校对：胡小洁
责任印制：吴兆东／封面设计：迷底书装

科 学 出 版 社 出版

北京东黄城根北街 16 号
邮政编码：100717
http://www.sciencep.com

北京中石油彩色印刷有限责任公司 印刷
科学出版社发行　各地新华书店经销
*

2021 年 5 月第 一 版　开本：720×1000　1/16
2021 年 5 月第一次印刷　印张：11
字数：220 000

定价：109.00 元
（如有印装质量问题，我社负责调换）

前　言

隐写术（steganography）历史悠久，其使用可追溯至公元前。自 20 世纪 90 年代以来，信息技术的发展给古老的隐写术注入了新活力，历经 20 余载的快速发展，与隐写相关的理论与技术已成为一门具有丰厚科学背景、集多领域方法于一身的交叉学科，逐渐被称为隐写学。

现代隐写一般将机密信息隐藏在可公开的媒体内容中，并尽量使含密载体的内容不发生可检测的变化，从而在保护机密数据的基础上，进一步掩护保密通信或保密存储的事实。当前，隐写被认为是非受控环境下保密通信或保密存储的重要与必要手段之一。然而，隐写技术的滥用也对常规安全监管技术提出了挑战。因此，用于检测隐写载体的隐写分析（steganalysis）技术也得到了关注。这类技术一般根据隐写方法的特性提取检测特征，利用模式识别等方法识别普通媒体和隐写媒体在这些特征上的差异。类似密码编码和密码分析技术，隐写和隐写分析技术在发展上也是一对矛盾统一体，相互对立又相互促进。

随着视频编码与处理技术的发展和相关应用的普及，数字视频已成为当前最主要的多媒体类型之一，也成为隐写的主要载体类型之一。因此，视频隐写与视频隐写分析技术得到了广泛的关注与研究。相比其他类型的载体，视频通常具有更多的嵌入域和更大的可嵌入数据量。因此，当前视频被广泛认为是一种较为理想的隐写载体。然而，视频编码一般具有前后预测级联关系，也需要满足一系列的优化原则。因此，视频隐写需要在满足视频编码复杂约束的前提下解决如何实现与提高隐写隐蔽性等问题，具有很大的挑战性，相关技术有必要得到专门与系统的阐述。

本书是"信息安全国家重点实验室信息隐藏领域丛书"的第 2 部，之前出版的《隐写学原理与技术》已经基于图像载体阐述了隐写与隐写分析技术的基本思想与方法，这使得本书可以集中精力描述视频隐写与隐写分析的专门技术。本书作者在长期从事视频隐写研究与教学的基础上，对该领域的基础知识、经典算法和最新成果进行了较为系统的介绍、梳理和总结。其中，张弘助理研究员主要负责各章节的具体撰写，赵险峰教授主要负责本书的策划、结构设计、内容编排与修改补充，曹纭副研究员整理了部分前期资料。若作为教材使用，完整讲授本书并完成配套实验需要 40 学时。与本书配套的实验代码、模块与勘误表，读者可以在网站 http://www.media-security.net 查询与下载。

　　本书的写作与出版得到了各方面的帮助和支持。本书的出版受到了国家自然科学基金项目（61802393、61972390、U1736214、61872356）与国家重点研发计划课题（2019QY0701）的资助；本书的撰写得到了信息隐藏领域同行的热心帮助和指导，杨晓元教授、苏育挺教授、王丽娜教授、王让定教授、蒋兴浩教授、朱美能副研究员与王旻杰副研究员审阅了书稿，提出了许多宝贵的意见和建议；作者所在研究团队的研究生尤玮珂、解沛、蔡逸凡、余建昌、范平安等在资料整理与配套实验代码编写等方面提供了重要支持。对于上述帮助和支持，作者在此表示衷心感谢！作者希望本书能为隐写学的发展与教学尽一分力量。然而，视频隐写与隐写分析涉及视频编码与处理、信息安全、模式识别、最优化理论、信息论等多个领域，知识交叉融合并且更新快，限于作者的学识和时间，书中难免存在不足与疏漏之处，敬请读者指正。如发现问题或提供意见和建议，欢迎发送电子邮件至 ih_ucas@163.com。

作　者

中国科学院信息工程研究所，信息安全国家重点实验室

中国科学院大学网络空间安全学院

2020 年 8 月

目　　录

第 1 章 绪　　言

隐写（steganography）作为一种重要的信息隐藏技术，是非受控环境下实施隐蔽通信（covert communication）、保护数据存储及其行为安全的有效手段[1]。其作为密码技术（cryptography）的重要补充，通过掩盖保密通信或保密存储的行为事实，使得非授权方难以识别保密通信和保密存储的存在，从而进一步增强敏感数据的安全保障效果。

理论上，一切具有一定冗余空间的载体①，均可作为隐写载体，用于承载秘密信息。在综合考虑负载性能、流行范围和易用程度等因素的情况下，目前应用最广泛、学术界研究最深入的隐写载体是以数字化的多媒体信号形式存在的，主要包括数字图像、视频、音频等多媒体文件。

本丛书前期出版的《隐写学原理与技术》[2] 一书以数字图像为载体，系统阐述了隐写学的核心理论及关键技术。本书作为其续篇，立足于数字视频的载体特性，详细论述了以数字视频为载体的隐写技术（简称视频隐写技术），着力分析并体现其在不同嵌入域（embedding domain）下的技术方案特点，并介绍相应的针对性隐写分析方法。

1.1　从图像隐写到视频隐写

在当今信息化时代，视频内容制作已经不再是专业多媒体工作室的独有领域。流媒体技术的快速发展极大地推动了高互动多媒体应用（如视频点播、视频直播）的兴起和流行，数字视频也因此逐步取代了数字图像，成为当前最具影响力的传播媒介。此外，随着视频编解码技术、高性能计算和网络传输技术的不断进步，数字视频可在保持较高编码性能和视觉保真度的条件下，被快速制备并在互联网上实时传播。

隐写技术的本质是将隐蔽通信藏匿于正常的通信方式之中，因此隐写载体的传输必须具有普遍性和频发性，从而不轻易引起怀疑。利用数字视频作为隐蔽通信载体，可以充分发挥其作为传播媒介在流行普及程度和信息容量等方面的优势。隐写者可以根据应用场景和视频特性，将秘密信息文件拆分成若干数据段，分别嵌入到载体视频文件的不同区域，并将所得的隐写视频文件通过电子邮件、视频

---

① 一般为可公开的数字内容，主要包括多媒体文件和网络数据包等。

分享网站（如 YouTube）、在线社交媒体（如新浪微博）或云存储平台（如百度网盘）进行传输分发（图 1.1），以此实施大容量、高隐蔽性隐写通信。相比之下，若采用数字图像作为隐写载体，受到其嵌入容量的制约，隐写者通常需要在短时间内发送大量隐写图像，这可能被视作一种反常的网络通信行为，从而降低隐蔽通信的安全性。

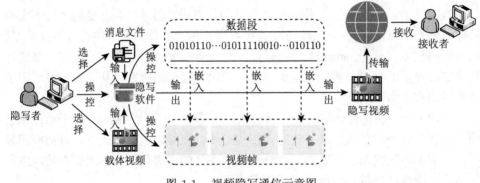

图 1.1　视频隐写通信示意图

　　基于上述事实，相比数字图像，采用数字视频作为隐写载体，将更有利于实施大容量、高隐蔽性隐写通信。因此，视频隐写技术被普遍视为一种重要的隐蔽通信手段，适用于军事、金融等涉及敏感数据传输的领域。

1.2　视频隐写技术概述

　　如上所述，相比数字图像，数字视频作为传播媒介具有更广泛的流行普及程度，作为隐写载体通常能够提供更高的嵌入容量和隐写安全性。因此，视频隐写技术长期以来吸引着信息隐藏领域研究者的广泛关注，是该领域的研究热点之一。为了让读者对视频隐写技术形成初步的认识，本部分将简要阐述视频隐写技术的分类、基本性质和发展现状。

1.2.1　视频隐写技术分类及发展现状

　　按照秘密信息的嵌入域，视频隐写可分为空域视频隐写、压缩域视频隐写和格式视频隐写这三大类。

　　空域视频隐写通过在视频压缩编码前直接修改视频帧的原始像素值或其变换域系数以嵌入秘密信息。绝大多数空域视频隐写算法[3-8]借鉴了量化索引调制（quantization index modulation，QIM）和扩频（spread spectrum）等图像信息隐藏领域的经典算法或思想。另一类空域视频隐写算法被集成于某些互联网上可公开下载的非开源隐写软件中，如莫斯科国立大学研发的隐写工具 MSU StegoVideo[9]。这类算法的研发团队尚未公开相关技术原理和细节。空域视频隐写的特点在于，算法实现通常较为简单，不依赖于所使用的视频编码器、视频编码标准和视频封装格式。然而，空域视频隐写具有两点局限性。首先，通常采用重复嵌入的方式（也称为冗余嵌入，即在视频像素域或相应变换域的多个位置嵌入相同信息）并结合纠错编码（error correction coding，ECC）技术[10]，以此增强所嵌秘密信息抗视频压缩编码的鲁棒性并降低误码率。尽管如此，这些措施仍然无法保证嵌入的秘密信息总能被正确提取，还极大限制了嵌入容量。其次，针对空域视频隐写的隐写分析（steganalysis）技术[11-18] 已经较为成熟，实际应用中采用该类隐写算法进行隐蔽通信可能存在较高的安全风险。因此，空域视频隐写的实用性较为有限，不适用于大容量、高隐蔽性隐写通信。

压缩域视频隐写将隐写嵌入操作和视频压缩编码紧密结合，通过利用视频压缩编码框架中的某些模块或特性以嵌入秘密信息，并使得隐写视频码流满足相应视频编码标准的有关规范。按照嵌入域的类型，压缩域视频隐写包括：帧内预测模式（intra prediction mode，Intra-PM）域隐写、帧间预测模式（inter prediction mode，Inter-PM）域隐写、运动向量（motion vector，MV）域隐写和变换系数（transform coefficient）域隐写等。压缩域视频隐写的特点在于，算法实现通常较为复杂，很大程度上依赖于所使用的视频编码器和视频编码标准。因此，隐写者不仅需要充分了解视频编解码原理，还必须具备一定的编程基础，能够基于流行的开源视频编解码软件（如 x264[19]）进行二次开发。相比空域视频隐写，压缩域视频隐写能够有效限制隐写嵌入操作对载体视频造成的影响，通常具有更高的隐写安全性和嵌入容量。不仅如此，接收端一般无须完全解码压缩视频，即能在非转码条件下，快速、无损地提取压缩域视频隐写算法嵌入的秘密信息。然而，压缩域视频隐写的主要局限性在于，其通常无法抵抗视频转码或重压缩攻击，即无法从经过转码或重压缩处理的视频中完整提取嵌入的秘密信息。尽管如此，随着视频编码技术的不断进步，压缩域视频隐写被普遍视为视频隐写技术发展的必然趋势，长期以来吸引着相关研究者的广泛关注，是视频隐写领域的研究重点。

格式视频隐写通常利用视频封装格式（也称为容器）的保留（或冗余）字段以嵌入秘密信息。在某些特定的视频封装格式（如 FLV，AVI）中，存在不同类型的保留字段。由于这些字段通常被现有的视频播放软件所忽略，故可用于负载秘密信息。此外，将数据挂载在视频容器的末尾，通常不会对视频的正常播放产生影响。格式视频隐写的特点在于，算法实现通常较为简单，算法复杂度较低，且具有较大的嵌入容量。部分互联网上可公开下载的视频隐写工具，如 OpenPuff[20]，采用了格式隐写的方式，将秘密信息嵌入视频封装格式的保留字段或末尾，以此进行隐蔽通信。然而，格式视频隐写的主要局限性在于：首先，其安全性依赖于对隐写算法的保密，因此不满足 Kerckhoffs 准则；其次，其会在隐写视频中产生特殊的处理痕迹（也称为特征码），从而无法有效抵抗专用分析方法的检测。

如上所述，空域视频隐写的嵌入容量受到较大限制，格式视频隐写的安全性无法得到有效保证。因此，空域视频隐写和格式视频隐写不适用于大容量高隐蔽性隐写通信。

随着 2003 年 H.264/AVC 视频编码标准[21]的推出和一系列新型视频编码特性的引入，压缩域视频隐写逐渐成为视频隐写领域的研究重点。研究者通过在视频压缩编码框架中寻找合适的嵌入域，并探寻如何将隐写嵌入操作和视频压缩编码紧密结合，在此基础上设计高性能视频隐写算法。经过学术界的长期努力，针对压缩域视频隐写技术的研究取得了显著进展，已知可用于隐写的视频码流语法元素或编码特性包括：帧内预测模式、帧间预测模式、运动向量、变换系数、量化参数（quantization parameter，QP）、熵编码（entropy coding) 码字、编码块模式、灵活宏块排序（flexible macroblock ordering）。本书将在后续章节详细介绍和讨论压缩域视频隐写技术。

1.2.2　视频隐写技术基本性质

视频隐写技术主要具有不可感知性（imperceptibility）和嵌入容量（embedding capacity）这两个基本性质，相关定义如下。

（1）不可感知性。也称为隐蔽性，主要包括视听觉不可区分性和统计不可检测性（也称为隐写安全性，steganographic security）。视听觉不可区分性是指，隐写文件和相应载体文件应当具备近乎相同的视听觉感官质量，它们之间的差异对于人类视听觉系统而言不可区分。统计不可检测性是指，隐写嵌入操作不会对载体文件的统计特性造成明显扰动，使得隐写分析者（攻击者）无法使用简单的统计特征检测出隐写现象或行为的存在。

（2）嵌入容量。采用隐写技术进行隐蔽通信时，在保证一定隐写安全性的条件下，应当尽量增加载体文件中嵌入的秘密信息数据。嵌入容量表示，在保证隐蔽性等前提下，隐写算法能够向载体文件嵌入的最大数据量。

不可感知性和嵌入容量这两个基本性质相互矛盾，难以同时达到较高的优化程度，几乎不存在隐写算法能够同时完美满足这两个性质。因此，在设计隐写算法时，应该结合实际应用场景和需求，在这两点性质和其他各种性能之间进行适当折中或取舍。

1.3　视频隐写分析技术概述

隐写技术是一把"双刃剑"，它作为一种保障数据安全的有效手段，存在着被滥用的风险。根据近年来的相关新闻报道[22]，隐写技术已愈加频繁地被犯罪集团、恐怖组织和间谍机构利用，对国家安全构成了严重威胁。因此，对隐写通信进行有效监管以遏制隐写技术的恶意或非法使用，成为多数国家和相关机构的迫切需求。

隐写分析是一种检测载体对象是否存在隐写操作痕迹的技术。作为对抗隐写的重要手段，其主要研究隐写算法的嵌入模式和隐写操作对载体统计特性造成的扰动，在此基础上通过构建合理的检测框架模型，并借助模式识别、机器学习和深度学习等领域的技术知识，以实施隐写分类判决。

视频隐写技术和视频隐写分析技术相辅相成、相互促进。通过研究视频隐写分析技术，可以发掘现有视频隐写技术的局限性，从中获取高性能视频隐写算法的设计灵感，进而推动视频隐写技术的发展。因此，本部分将对视频隐写分析技术进行总体概述，依次介绍其分类、基本性质和发展现状。

1.3.1 视频隐写分析技术分类及发展现状

按照秘密信息的嵌入域，视频隐写分析可分为空域视频隐写分析、压缩域视频隐写分析和格式视频隐写分析这三大类。

空域视频隐写分析用于检测视频数据是否存在基于空域视频隐写的隐蔽通信行为。大多数空域视频隐写分析方法借鉴了图像隐写分析领域的经典方法或思想（如空域富模型特征[23]），并配合视频编码等领域知识（如运动补偿）和常用水印攻击方法（如合谋[11,12]），在此基础上进行隐写分析特征提取。

压缩域视频隐写分析[24]用于检测视频在压缩编码过程中生成的码流语法元素（syntax element）是否被用作秘密信息载体。按照所分析的嵌入域类型，压缩域视频隐写分析包括：帧内预测模式域分析、帧间预测模式域分析、运动向量域分析和变换系数域分析等。相比空域视频隐写分析，压缩域视频隐写分析尚处于较为初级的发展阶段，当前研究主要集中在运动向量域、帧内预测模式域和变换系数域分析上。

格式视频隐写分析用于检测视频封装格式的保留字段或末尾是否存在秘密信息。该类隐写分析通常根据目标视频封装格式的技术标准定位其中的保留字段，进而通过检测字段内容是否存在特征码，从而判断其是否经过格式视频隐写处理。

相比日益成熟的图像隐写分析技术[25-30]，针对视频隐写分析技术的研究起步较晚，尚具有较大研究空间，其发展现状可概括为三个方面。首先，现有视频隐写分析技术的体系不够健全。当前研究成果主要集中在空域[11-18]、运动向量域[31-36]、帧内预测模式域[37,38]分析上。针对某些特定类型的视频隐写，如量化参数域隐写，目前尚不存在公开发表的文献提出有效的分析检测方法。其次，现有视频隐写分析方法的检测范围有限。目前仅存在针对单一嵌入域的专用（specific）分析方法，尚缺乏能够有效检测多个嵌入域的通用（universal）分析方法，导致现有视频隐写分析技术的适用性在一定程度上受到了制约。此外，现有视频隐写分析方法易受载体源失配（cover source mismatch）的影响。主要表现在，当待测视频的码率（bitrate）、帧率（frame rate）、尺寸等编码参数或属性与训练视频样本存在明显差异时，分析方法的检测性能易产生波动，从而难以在先验知识匮乏的实际应用场景下提供稳定、可靠的隐写分类判决结果。

1.3.2 视频隐写分析技术基本性质

视频隐写分析技术具有准确性、适用性和抗失配性这三个基本性质，相关定义如下。

（1）准确性。反映分析方法能够正确区分普通非隐写载体和隐写文件的能力，通常采用真阳性率（true positive rate）、真阴性率（true negative rate）和正确率进行衡量。其中，真阳（阴）性率指被正确分类的隐写（非隐写）样本占所有隐写（非隐写）测试样本的比例；正确率指被正确分类的样本占所有测试样本的比例。

（2）适用性。反映分析方法适用于不同类型隐写算法和不同属性媒体文件的能力。现有绝大多数视频隐写分析方法只能检测某种特定嵌入域下的隐写算法（如运动向量域视频隐写）。此外，它们的分析检测性能通常会随待测视频文件的编码参数（如码率控制参数）或属性（如分辨率）的变化而产生不同程度的波动。

（3）抗失配性。反映分析方法在载体源失配条件下维持检测性能的能力。对于目前几乎所有的隐写分析方法，在实际应用场景下，它们的分析检测性能都会受到载体源失配现象的影响，严重时甚至会恶化到接近随机判决的程度。因此，当前隐写分析方法被普遍认为只适用于实验室环境[25]。如何缓解载体源失配现象以提高隐写分析的实用性，是目前信息隐藏领域亟待解决的难题之一[29]。

需要特别指出的是，在当前学术界流行的视频隐写分析训练检测框架模型下，视频序列将被划分成互不重合的特征提取单元，每个特征提取单元由单个或若干连续视频帧组成，它们在特征提取后将被用于分类器训练或隐写分类判决。

1.4 本书内容安排

本书作为"信息安全国家重点实验室信息隐藏领域丛书"的第二部，是《隐写学原理与技术》一书的续篇，将着重论述以视频为载体的隐写攻防技术。为了节省存储空间和传输带宽，数字视频通常需要经过压缩编码处理，这对以视频文件为载体的隐写算法设计提出了与压缩编码相结合的具体要求。为了更好地展现不同类型视频隐写技术特色，便于读者掌握相关算法的设计原理，本书首先对视频编码中的关键技术进行介绍，在此基础上，对依赖不同视频编码特性的视频隐写方案及其针对性分析技术进行分章节讨论。本书的主要内容包括以下六个部分。

（1）视频编码基础。

（2）运动向量域隐写及其分析。

（3）变换系数域隐写及其分析。

（4）帧内预测模式域隐写及其分析。

（5）帧间预测模式域隐写及其分析。

（6）其他域隐写及其分析。

为了让读者巩固所学内容，做到理论与实践相结合，本书每章配有相应的"思考与实践"部分，并在附录提供了配套的实验说明。

1.5　思考与实践

（1）视频隐写技术可以分为哪几类？其特点和局限性分别是什么？

（2）视频隐写技术的基本性质有哪些？

（3）现阶段视频隐写分析技术有哪些不足？

（4）列举压缩域视频隐写中五个合适的嵌入域。

第 2 章　视频编码基础

　　未经压缩的原始视频数据会占据大量的存储空间和传输带宽。因此，视频数据在存储或传输之前通常要进行压缩（也称为编码），在显示或进一步处理前压缩视频数据需要被解压（也称为解码）。压缩和解压数字视频流或信号的软硬件设备分别称为视频编码器（encoder）和解码器（decoder），并统称为 CODEC。

　　本章将依次对视频的采集过程、编码标准、编码关键技术等基础进行简要介绍。特别需要指出的是，由于已有视频隐写与隐写分析技术大多基于 H.264/AVC 视频编码标准，本章将较为细致地展开阐述相应 CODEC 的具体实施细节，以便于读者快速掌握阅读本书后续章节所必需的视频编码基础知识。读者需要了解大多数主流的视频编码标准并未明确具体的工程实现方案，仅规定了视频压缩编码后的码流语法元素及对应的解码流程。编解码器的实现细节具有较高的灵活度，只需保证与编码标准兼容即可。为了简化描述，以下小节的部分内容将根据主流开源视音频编解码器 FFmpeg[39] 的相关实施细节进行阐述。

2.1　预 备 知 识

2.1.1　数字视频采集

　　真实世界的自然场景在空间和时间上都是连续的，将它们表示成数字形式需要进行空间采样（spatial sampling）和时间采样（temporal sampling）（图 2.1）。数字视频是指经过（空间和时间）采样的实际场景以数字形式的表示。采样点也称为像素（pixel）。每个像素采用一个或一组数字表示，用于描述相应采样点的亮度（luminance）和色彩。

　　使用数码摄像机等视频采集设备进行拍摄时，三维自然场景将被投影到图像传感器上，如电荷耦合元件（charge-coupled device，CCD）、互补金属氧化物半导体（complementary metal-oxide-semiconductor，CMOS），进而经过处理得到数字视频。

　　在某个时刻对实际场景进行视频信号采集，可获得由一系列采样点构成的视频帧（frame），此过程称为空间采样。采样点通常位于视频帧中正方形或矩形网格的交点处。视频帧和所拍摄场景的视觉相似程度取决于单位面积的采样点数量（分辨率/解析度）。进行视频拍摄时，增加采样点的数量，能够提升视频帧的清晰程度，从而增强所采集视频的视觉质量。

在不同时刻对实际场景进行视频信号采集，可以得到由一系列视频帧构成的视频序列，该过程称为时间采样。视频序列和所拍摄场景在物体运动信息方面的吻合程度取决于时间采样频率（帧率）。进行视频拍摄时，增加时间采样频率，能够提升所采集视频对实际场景中运动物体的描述质量，呈现出更加平滑的运动轨迹，从而增强所采集视频的视觉质量。

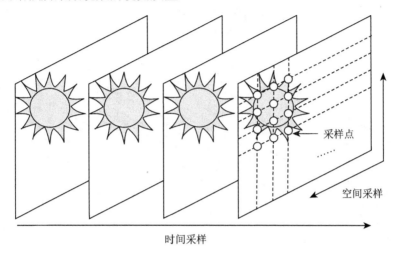

图 2.1　视频序列的空间和时间采样

进行视频信号采集时，可以通过逐行采样（progressive sampling）得到由一系列完整视频帧构成的序列（也称为逐行视频），也可通过隔行采样（interlaced sampling）获得由一系列隔行场（field）构成的序列（也称为隔行视频）。一个场由一个完整视频帧中的奇数行或偶数行像素构成，其中偶数行像素构成顶场（top field），奇数行像素构成底场（bottom field）（图 2.2）。采用隔行采样的优点在于，

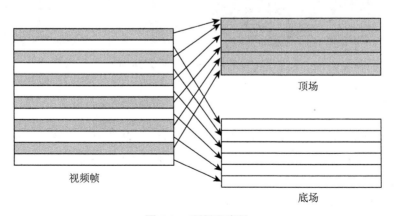

图 2.2　顶场和底场

在视频数据量相同的情况下，相比逐行视频，隔行视频（图 2.3）具有其两倍的时间采样频率，可呈现更加平滑连续的运动轨迹。需要注意的是，由于隔行视频中的一帧画面实际上是由不同时刻隔行采样所得的顶场和底场构成，因此，顶场和底场中运动物体的位移将使该帧画面出现交错效应（图 2.4）。因为电视被设计成可以播放隔行视频，故交错效应不会出现在电视屏幕上，然而，其会出现在大多数计算机显示器上。因此，在对隔行视频进行后期处理（如抠像）时，需要采用去交错（deinterlace）技术消除交错效应。

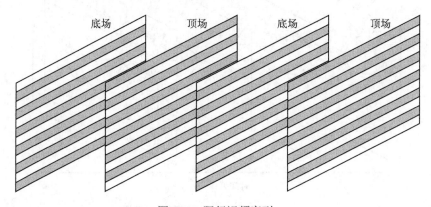

图 2.3　隔行视频序列

图 2.4　隔行视频画面交错效应示例

2.1.2　色彩空间

彩色视频的显示和处理需要某种机制对色彩信息进行有效表达。色彩空间是用于表示亮度和颜色信息的方法。常用的色彩空间包括 RGB 色彩空间和 YUV 色彩空间。

RGB 色彩空间基于三基色（白光的三种主要合成颜色）原理，通过红（R）、绿（G）、蓝（B）这三种基色表达颜色信息。具体地，在 RGB 色彩空间中，一个像素由三个数字表示，分别代表红、绿、蓝这三种基色的相对比例。由于这三种基色同等重要，故通常采用相同精度表示它们的色度值。

人类视觉系统（human visual system，HVS）对亮度的敏感程度高于对色度（chrominance）的敏感程度。基于 HVS 的这一特性，研究者提出了 YUV 色彩空间，通过亮度（Y）和色度（U，V）这两个基本成分表达颜色信息，并且对亮度成分采用比色度成分更高精度的采样。相比 RGB 色彩空间，采用 YUV 色彩空间描述视频的颜色信息，能够有效降低所需存储或处理的视频数据量，并且不会对视频的视觉质量产生明显影响。

根据对亮度分量和两个色度分量的采样比例的不同，YUV 采样格式主要包括 YUV420、YUV422 和 YUV444 这三种类型。其中，YUV420 格式最为常用，广泛用于数字电视、DVD（digital video disc）等消费应用领域；YUV422 格式通常用于高质量色彩再现（reproduction）。

如图 2.5所示，对于 YUV420 格式，色度分量在垂直和水平方向上的分辨率均为亮度分量在相应方向上分辨率的一半。

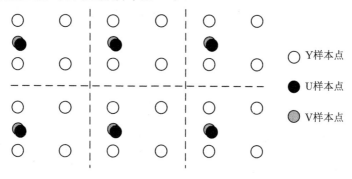

图 2.5　YUV420 格式示意图

如图 2.6所示，对于 YUV422 格式，色度分量和亮度分量在垂直方向上具有

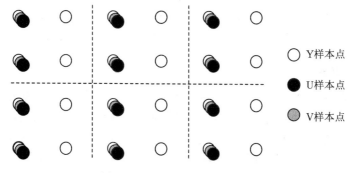

图 2.6　YUV422 格式示意图

相同的分辨率，在水平方向上前者的分辨率是后者的一半。

如图 2.7所示，对于 YUV444 格式，色度分量和亮度分量具有相同的分辨率。

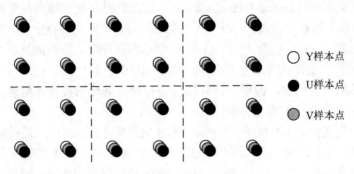

○ Y样本点

● U样本点

◓ V样本点

图 2.7　YUV444 格式示意图

YUV 色彩空间的三个分量和 RGB 色彩空间的三个分量具有如下关系[40]：

$$Y = k_r R + k_g G + k_b B \tag{2-1}$$

$$U = \frac{B - Y}{2(1 - k_b)} \tag{2-2}$$

$$V = \frac{R - Y}{2(1 - k_r)} \tag{2-3}$$

式中，$k_r + k_g + k_b = 1$。经过充分实验，国际电信联盟无线电通信部门（International Telecommunication Union-Radiocommunication Sector，ITU-R）推荐采用 $k_r = 0.2990$，$k_g = 0.5870$，$k_b = 0.1140$，由此可以得到 YUV 色彩空间和 RGB 色彩空间的转换公式为

$$\begin{bmatrix} Y \\ U \\ V \end{bmatrix} = \begin{bmatrix} 0.2990 & 0.5870 & 0.1140 \\ -0.1687 & -0.3313 & 0.5000 \\ 0.5000 & -0.4187 & -0.0813 \end{bmatrix} \begin{bmatrix} R \\ G \\ B \end{bmatrix} \tag{2-4}$$

2.1.3　视频质量评价

对视频数据只进行无损（lossless）压缩仅能达到有限的压缩效果，故绝大多数视频编码技术是基于有损（lossy）压缩的，这使得原始视频数据和重建（reconstructed）视频数据存在差异，当压缩率达到一定程度时，难免对视频的视觉质量（简称视频质量）造成负面影响。因此，需要建立一套针对视频质量的评价准则。

视频质量本身是一个主观概念，会受到许多主观因素（如观看心情、观看重点）的影响，使得难以在主观层面对其做出完全精确的量化。因此，在实际应用中通常采用客观质量评价准则衡量视频质量。需要说明的是，虽然客观质量评价准则能够产生精确、可重复的质量评价结果，但其无法完全反映或再现观测者观看视频时的主观视觉体验。

以下简要介绍两种常见的客观质量评价准则：峰值信噪比（peak signal to noise ratio，PSNR）和结构相似度（structural similarity index，SSIM）。

峰值信噪比 PSNR 是最为常用的客观质量评价准则。它的计算公式为

$$\text{PSNR (dB)} = 10\log_{10}\left[\frac{(2^n-1)^2}{\text{MSE}}\right] \tag{2-5}$$

式中，MSE（mean squared error）表示原始图像和重建图像（或视频帧）之间的均方误差；n 表示采样点的比特数[①]；$2^n - 1$ 为图像（或视频帧）中可能出现的最大采样值。

PSNR 计算简单、快速，且易于实现，因此得到了广泛应用。通常情况下，较大（小）的 PSNR 值说明具有较高（低）的视觉质量。然而，PSNR 准则的主要局限性在于，其数值无法准确反映主观视觉质量，即其数值大小并不等同于主观视觉质量的优劣。

相比 PSNR，结构相似度 SSIM 和主观视觉质量之间具有较高的相关性，能够更准确地反映人类视觉对图像的真实感受。给定两幅图像 $\boldsymbol{X}$ 和 $\boldsymbol{Y}$，它们之间的结构相似度计算公式为

$$\text{SSIM}\,(\boldsymbol{X},\boldsymbol{Y}) = \frac{(2\mu_{\boldsymbol{X}}\mu_{\boldsymbol{Y}} + C_1)(2\sigma_{\boldsymbol{XY}} + C_2)}{(\mu_{\boldsymbol{X}}^2 + \mu_{\boldsymbol{Y}}^2 + C_1)(\sigma_{\boldsymbol{X}}^2 + \sigma_{\boldsymbol{Y}}^2 + C_2)} \tag{2-6}$$

式中，$\mu_{\boldsymbol{X}}$ 和 $\mu_{\boldsymbol{Y}}$ 分别表示 $\boldsymbol{X}$ 和 $\boldsymbol{Y}$ 的均值；$\sigma_{\boldsymbol{X}}^2$ 和 $\sigma_{\boldsymbol{Y}}^2$ 分别表示 $\boldsymbol{X}$ 和 $\boldsymbol{Y}$ 的方差；$\sigma_{\boldsymbol{XY}}$ 代表 $\boldsymbol{X}$ 和 $\boldsymbol{Y}$ 的协方差；C_1 和 C_2 是用于维持数值稳定的常数。

通常情况下，当 PSNR 相当时，视觉质量较高的图像或视频具有较大的 SSIM；当视觉质量较高、PSNR 较大时，SSIM 区分度较小；当视觉质量较低、PSNR 较小时（如小于 30dB），SSIM 具有良好的区分度。

2.1.4 视频格式

视频帧中的采样点数量称为视频分辨率（resolution），通常以亮度分量在垂直和水平方向的采样点数量表示。视频分辨率的选择取决于实际应用需求和传输、存储性能。例如，SD（standard definition）和 4CIF（common intermediate format）

---

① 对于普通应用场景，n 通常取值为 8；对于医学、遥感图像处理和视频编辑等特殊领域，n 需要较大的取值。

格式适合用于标清电视和 DVD 视频；在显示分辨率和码率受限的条件下，QCIF（quarter CIF）和 SQCIF（sub-quarter CIF）格式适合用于移动多媒体应用领域；视频会议（video conferencing）常用 CIF 和 QCIF 格式。常见视频格式及相应分辨率详见表 2.1。

表 2.1   常见视频格式及对应分辨率

格式	亮度分辨率	格式	亮度分辨率
SQCIF	128×96	SQVGA	160×120
QCIF	176×144	QVGA	320×240
CIF	352×288	VGA	640×480
4CIF	704×576	SVGA	800×600
SD	720×576	XGA	1024×768
HD	$1280 \times 720/1920 \times 1080$	SXGA	1280×1024
UHD	$3840 \times 2160/7680 \times 4320$	UXGA	1600×1200

2.2   视频数据冗余

数字视频的采集过程会产生数据冗余（redundancy），主要冗余类型包括：空间冗余、时间冗余、信息熵冗余（也称为编码冗余）、视觉冗余、知识冗余和结构冗余[41]。下面分别给出其定义。

（1）空间冗余。视频帧中空间位置相近的采样点的采样值通常存在一定相关性，例如，背景区域的相邻像素在亮度和色度上十分接近。这种空间相关性称为空间冗余。

（2）时间冗余。视频序列中相邻视频帧的时间间隔极短，它们在内容上通常存在较强相关性，主要表现在，相邻帧画面的背景和主体基本相同，只是位置和形态可能略微发生变化。这种时间相关性称为时间冗余。

（3）信息熵冗余。根据信息论，表示视频像素时，可以按照其信息熵分配相应的比特数。然而，在视频采集过程中，难以获取每个像素的信息熵，因此一般采用相同比特数表示每个像素。这种非最优编码状态称为信息熵冗余或编码冗余。

（4）视觉冗余。人类视觉系统对图像场的敏感性是非均匀和非线性的，例如，对亮度的感知比对色度的感知更加敏感；对平坦区域变化的敏感程度高于对边缘和纹理复杂区域变化的敏感程度；对运动缓慢区域比对运动剧烈区域更加敏感。然而，在采集视频时，通常假设视觉系统是均匀和线性的，未利用人类视觉系统的特性对敏感区域和非敏感区域的视频数据进行区别对待和处理，从而导致额外的数据开销，由此产生的冗余称为视觉冗余。

（5）知识冗余。视频帧中可能存在某些区域，和人类的先验知识紧密相关，如人脸五官位置的固有分布。这些规律性的结构或模式可以通过先验知识进行推导和重建，此类冗余称为知识冗余。

（6）结构冗余。视频帧中可能重复出现在纹理结构或分布模式上具有较强相似性的区域，如蜂窝、草席、方格状的地板图案。这种结构分布的相关性称为结构冗余。

上述数据冗余是对视频数据进行压缩编码的依据，视频压缩编码就是从原始视频数据中去除空间、时间、视觉等冗余的过程。

2.3 视频编码标准的发展

随着视频编解码业务的快速发展，为了保证不同厂商的视频编解码软硬件设备之间的互操作性（interoperability），标准发展组织（Standards Developing Organizations，SDOs）和知名公司在视频编解码技术标准化方面开展了许多工作，制定了一系列重要的视频编码标准（图 2.8）。著名的组织或公司包括：国际标准化组织和国际电工委员会（International Organization for Standardization/International Electrotechnical Commission，ISO/IEC），国际电信联盟电信标准化部门（ITU Telecommunication Standardization Sector，ITU-T），数字音视频编解码技术标准工作组（Audio and Video Coding Standard Workgroup of China，China AVS），Google（谷歌），Microsoft（微软）。

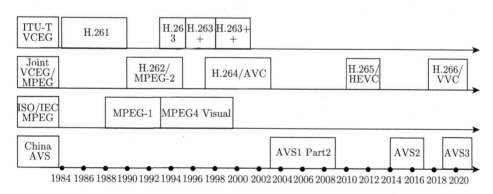

图 2.8 主流视频编码标准的发展历程

视频编码技术的更新换代，有效推动了压缩编码性能的提升（图 2.9）。按照制定时间和编码效率（coding efficiency），主流视频编码标准可以分为四代：H.261、MPEG-1、MPEG-2/H.262、MPEG-4 Visual、H.263 等为第一代编码标准；H.264/AVC、VC-1（Microsoft 制定）、VP-8（Google 制定）、AVS1 等为第二代编码标准；H.265/HEVC、VP-9（Google 制定）、AVS2 等为第三代编码标准；H.266/VVC、AVS3 等为第四代编码标准。

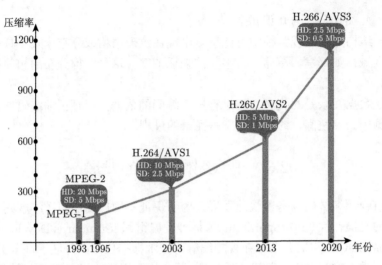

图 2.9　主流视频编码技术的压缩性能对比

2.4　视频编码关键技术

如前所述，视频压缩编码是从原始视频数据中去除冗余数据的过程。许多去除冗余的关键技术有效地协同工作，使视频编码器获得高效的压缩编码性能。如图 2.10 所示，目前主流的视频压缩编码技术均采用基于块的混合视频编码框架

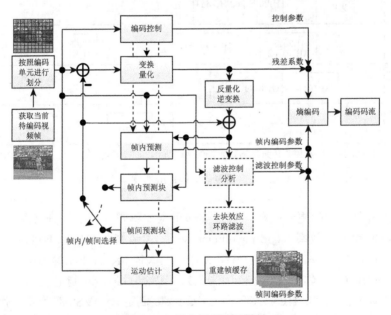

图 2.10　混合视频编码框架

（block-based hybrid video coding structure）。此框架主要包含去除三种冗余的关键技术：基于运动补偿（motion compensation）的帧间预测用于消除时间冗余；帧内预测和基于块的变换编码用于消除空间冗余；熵编码用于消除前两种技术所生成数据中的信息熵冗余。

以下将分别介绍视频编码关键技术的相关概念和基本原理，并根据有关技术在视频隐写和隐写分析领域中的重要性，选择性地阐述 H.264/AVC 和 H.265/HEVC 视频编码标准中的具体实施细节。

2.4.1 基本概念

为统一描述，本小节介绍一些常见术语。以下为 H.264/AVC 视频编码标准常见术语。

（1）视频序列（video sequence）。编码视频比特流的最高语法结构。它包含一系列一个或多个编码帧。

（2）图像组（group of pictures，GOP）。一个或多个编码图像组成的序列①。

（3）帧（frame）。一个帧包含一个亮度样点矩阵和对应的两个色度样点矩阵。

（4）场（field）。一个帧的交替行组成的两个集合分别为顶场和底场。

（5）图像（picture）。场或帧的总称。

（6）宏块（macroblock）。一个 16×16 的亮度样点矩阵和对应的两个色度样点矩阵。

（7）条带组（slice group）。图像中宏块的子集。

（8）条带（slice）。条带组内部以光栅扫描顺序排列的整数个宏块。

（9）块（block）。一个 $M \times N$（M 行 N 列）的样点矩阵，或指 $M \times N$ 的变换系数矩阵。

（10）残差（residual）。样点或其他数据元素预测值与解码值之间的差值。

（11）帧内预测（intra prediction）。在同一条带中，使用已经解码的样值生成当前样值的预测过程。

（12）帧内预测编码（intra coding）。使用帧内预测对块、宏块、条带或图像进行编码。

（13）帧间预测（inter prediction）。不根据当前解码图像，而根据已解码的参考图像进行预测。

（14）帧间预测编码（inter coding）。使用帧间预测对块、宏块、条带或图像进行编码。

---

① 由 MPEG-1[42] 定义，旨在协助随机访问。

（15）帧内条带/I 条带（intra slice/I slice）。在解码时仅使用同一个条带内部样点进行预测的条带。

（16）预测条带/P 条带（predictive slice/P slice）。可根据同一条带内部样点进行帧内预测，或根据已解码的参考图像进行帧间预测的条带。预测时最多使用一个运动向量。

（17）双向预测条带/B 条带（bi-predictive slice/B slice）。可根据同一条带内部样点进行帧内预测，或根据已解码的参考图像进行帧间预测的条带。预测时最多使用两个运动向量。

（18）运动向量（motion vector，MV）。用于帧间预测的二维向量，表示最佳匹配对象（块）相对于当前待编码对象（块）的位置偏移。

（19）语法元素（syntax element）。视频编码比特流中表示数据的元素。

（20）I 帧（I-frame）。仅使用自身信息编码的帧[①]。"I" 意为 "intra-coded"。I 帧图像旨在帮助随机访问视频序列。需要随机访问、快进快退播放的视频可能会相对频繁地使用 I 帧图像。I 帧还可以用于视频中场景切换等其他情况。可在 I 帧前使用图像组头部（group of pictures header），向解码器指示随机访问时是否可以正确重建该图像组的图像。只包含帧内预测编码图像的帧称为 I 帧，I 帧的编码（压缩）效率相比 P 帧、B 帧较低。

（21）P 帧（P-frame）。使用过去（past）参考场或帧进行运动补偿预测编码的帧。"P" 意为 "predictive-coded"。包含前向预测编码图像的帧称为 P 帧，P 帧的编码效率比 I 帧高、比 B 帧低。

（22）B 帧（B-frame）。使用过去和/或未来（future）参考场或帧进行运动补偿预测编码的帧。"B" 意为 "bidirectionally predictive-coded"。包含双向预测编码图像的帧称为 B 帧，B 帧的编码效率相比 I 帧、P 帧较高。

（23）参考场/参考帧（reference field/reference frame）。当 P 帧或 B 帧被解码时，用于前向和后向预测的场/帧。

（24）比特流/流（bitstream/stream）。形成数据编码表示的有序比特序列。

（25）比特率（bitrate）。编码比特流从存储介质传递到解码器输入端的速率。

（26）列表 0/列表 1（List 0/List 1）。List 0 为前向参考帧列表，List 1 为后向参考帧列表，P 帧的帧间预测只用到 List 0 中的参考帧，B 帧的帧间预测同时用到 List 0 和 List 1 的参考帧。

需要说明的是，H.264/AVC 等视频编码标准并未阐述有关编码的技术实施细节，以下章节的部分具体实现来源于著名的开源视音频编解码器 FFmpeg[39]。

---

① I 帧，P 帧，B 帧均由 MPEG-2[43] 定义。

2.4.2 帧内预测编码

帧内预测（intra prediction）用于消除视频的空间冗余。视频的空间冗余来源于视频帧内二维像素阵列的空间相关性，即每一个像素大多类似或取决于相邻像素[44]。一个典型的例子如图 2.11 所示，该视频帧每条水平线的像素是相同的，若直接记录所有像素，将产生冗余信息。

图 2.11 典型的视频帧内空间冗余

帧内预测技术发展如下：H.261[45]、MPEG-1[42]、H.262/MPEG-2[43] 等视频压缩标准对帧内空域像素进行离散余弦变换转换到频域，只对直流（direct current，DC）系数进行差分预测编码。H.263[46]、MPEG-4 Visual[47] 等视频压缩标准，利用相邻块的频域相关性，利用相邻块直流/交流（alternating current，AC）系数预测待编码块的 DC/AC 系数。H.264/MPEG-4 AVC[48] 视频压缩标准进一步挖掘了帧内图像的空间相关性，引入了基于多尺寸分块的空域像素帧内预测技术。该标准的编码单元是 16×16 的宏块，分别对亮度和色度进行预测。最佳亮度帧内预测模式和最佳色度帧内预测模式的选择是独立的，分别取决于不同的代价算法。

H.264 的不同档次（profile）具有不同的可选帧内预测模式，如图 2.12所示。在 H.264 的基本档次、主要档次、扩展档次（extended profile）中，对于亮度预测，可选基于 4×4 块的预测或基于 16×16 块的预测。H.264 的高档次（high profile）等更高质量档次中，增加了基于 8×8 块的预测。

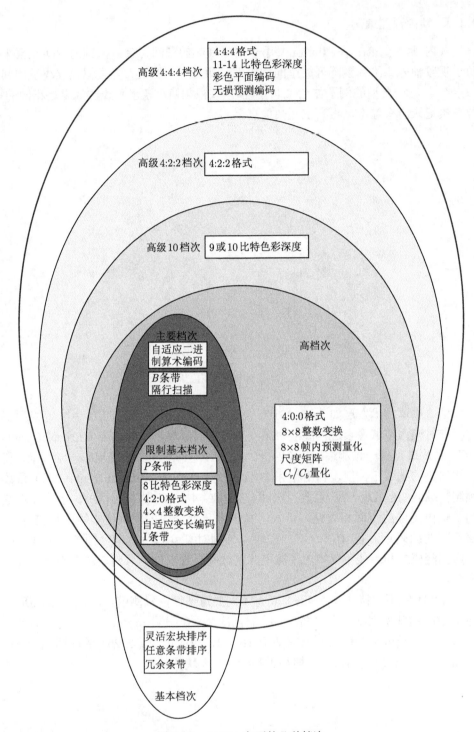

图 2.12   H.264 主要的几种档次

基于 4×4 块的预测包含九种预测模式，如图 2.13 所示。

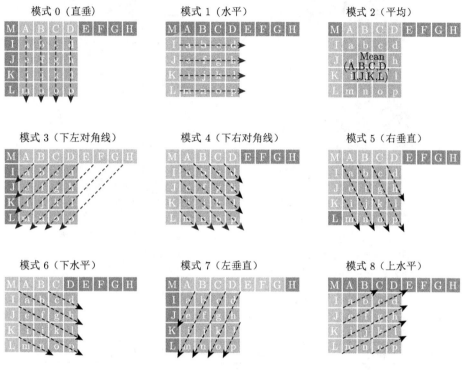

4×4亮度块的九种帧内预测模式示意图

模式	描述（下述角度均指和水平方向所成夹角）
模式 0（垂直）	使用参考元素A、B、C、D垂直预测
模式 1（水平）	使用参考元素I、J、K、L水平预测
模式 2（平均）	使用参考元素A-D、I-L的平均值预测
模式 3（下左对角线）	使用参考元素沿45°斜向左下内插进行预测
模式 4（下右对角线）	使用参考元素沿45°斜向右下内插进行预测
模式 5（右垂直）	使用参考元素沿$\arcsin(2/\sqrt{5})$斜向右下内插进行预测
模式 6（下水平）	使用参考元素沿$\arcsin(1/\sqrt{5})$斜向右下内插进行预测
模式 7（左垂直）	使用参考元素$\arcsin(2/\sqrt{5})$斜向左下内插进行预测
模式 8（上水平）	使用参考元素沿$\arcsin(1/\sqrt{5})$斜向右上内插进行预测

4×4亮度块的九种帧内预测模式描述

图 2.13 H.264 基于 4×4 亮度块的九种帧内预测模式

基于 16×16 块的预测包含四种预测模式，如图 2.14 所示。

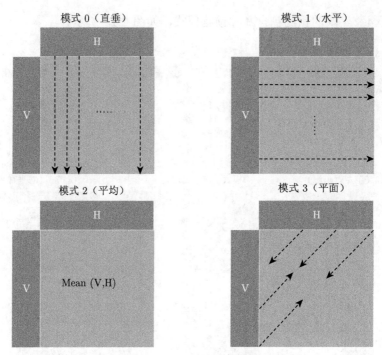

16×16亮度块的四种帧内预测模式示意图

模式	描述（下述角度均指和水平方向所成夹角）
模式 0（垂直）	使用上方参考元素垂直预测
模式 1（水平）	使用左侧参考元素水平预测
模式 2（平均）	使用上方和左侧参考元素的平均值预测
模式 3（平面）	使用上方和左侧参考元素通过线性函数进行预测

16×16亮度块的四种帧内预测模式描述

图 2.14　H.264 基于 16×16 亮度块的四种帧内预测模式

在基本档次的 H.264 进行亮度帧内预测时，首先计算"预测代价"最小的基于 4×4 块的预测模式，然后计算代价最小的基于 16×16 块的预测模式，最后取两者代价较小的模式为最终帧内预测模式。如图 2.15 所示，基本档次的 H.264 亮度帧内预测流程描述如下。

步骤 1：得到宏块 $M^{16 \times 16}$ 的亮度分量 B，将 B 划分为互不重叠的 4×4 子块，以如图 2.16所示 4×4 亮度子块扫描顺序进行扫描。对于每一个 4×4 子块，重复执行步骤 2。若扫描结束，跳转执行步骤 3。

步骤 2：对于当前 4×4 子块，遍历计算九种 4×4 块预测模式的对应代价，选择具有最小代价的模式作为当前 4×4 子块的最佳帧内预测模式。

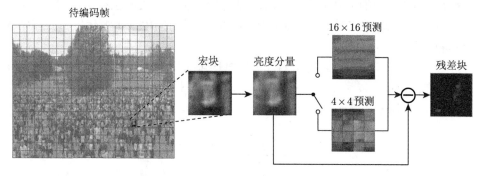

图 2.15 基本档次的 H.264 亮度帧内预测宏块分割块大小选择流程

0	1	4	5
2	3	6	7
8	9	12	13
10	11	14	15

图 2.16 宏块中 4×4 亮度块扫描顺序示意图

步骤 3：计算该宏块亮度分量 B 在 4×4 预测模式下的总代价。

步骤 4：类似的，将 B 不进行划分，遍历计算四种 16×16 块预测模式的对应代价，选择具有最小代价的模式作为 16×16 块的最佳帧内预测模式。

步骤 5：选取 4×4 最佳帧内预测模式和 16×16 最佳帧内预测模式的代价较小者为该宏块亮度分量 B 的预测模式，进行后续其他操作。

根据官方参考软件 JM 的描述，通常采用基于拉格朗日（Lagrangian）乘子法的率失真优化（rate-distortion optimization，RDO）模型进行"预测代价"的评估。如上述例子所示，该评估技术计算基于不同模式的率失真优化模型代价[①]，选择代价最小的模式为最终帧内预测模式。率失真代价定义为

$$J_{\mathrm{MODE}} = \mathrm{Distortion} + \lambda_{\mathrm{MODE}} \cdot \mathrm{Rate} \tag{2-7}$$

① 为便于描述，随后将简称为率失真代价。

式中，MODE 代表某种帧内亮度预测模式；Distortion 反映了亮度原始分块 s 和预测分块 c 的像素值的失真大小；λ_{MODE} 是与量化步长相关的拉格朗日乘子；Rate 代表选择 MODE 模式时所需的编码比特数。显然，应用该预测代价将对视觉失真与编码开销进行有效平衡。

不同尺寸块（$N \times N$）的预测代价计算均可采用不同的失真度量函数对 Distortion 进行衡量，以满足不同的需要。以下为几种常见的失真度量函数。

（1）绝对误差和（sum of absolute differences，SAD）：

$$\text{SAD} = \sum_{x=1}^{N} \sum_{y=1}^{N} |s(x,y) - c(x,y)| \tag{2-8}$$

（2）绝对变换误差和（sum of absolute transformed differences，SATD）：

$$\text{SATD} = \sum_{x=1}^{N} \sum_{y=1}^{N} |T\{s(x,y) - c(x,y)\}| \tag{2-9}$$

式中，T 代表哈达玛变换，使用的哈达玛矩阵是由 +1 和 −1 构成的正交方阵[①]。

（3）误差平方和（sum of squared differences，SSD）：

$$\text{SSD} = \sum_{x=1}^{N} \sum_{y=1}^{N} [s(x,y) - c(x,y)]^2 \tag{2-10}$$

通常，视频编码器采用上述率失真优化模型以获得最佳的编码效果。然而，由于该模型计算复杂度较高，也可以选择仅使用失真度量函数的计算结果对预测代价进行评估。

H.264 为当前块评估一个帧内最可能预测模式（most probable mode，MPM）以减小编码开销。如图 2.17 所示，给定当前块 X，其上邻块 A 帧内预测模式为 MODE_A，其左邻块 B 帧内预测模式为 MODE_B，则按下式得到 X 的帧内最可能预测模式 MPM_X：

$$\text{MPM}_X = \min\{\text{MODE}_A, \text{MODE}_B\} \tag{2-11}$$

若最可能预测模式与当前块实际帧内预测模式相符，则只需编码一个布尔值进行标定，否则需要 4bit（一个布尔值标定比特和三个序号编码比特）对其进行编码。

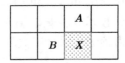

图 2.17　评估当前块的帧内最可能预测模式

① 所谓正交方阵，指它的任意两行（或两列）都是正交的。

　　帧内脉冲编码调制（intra pulse code modulation, IPCM）是除上述 H.264 视频帧内预测方式外的另一种可选模式。在该模式下，编码器绕过常规的预测、变换、量化和编码过程，直接传输图像的样点。在一些特殊的情况下，如以非常高的感知质量进行编码时，采用该模式编码可能比常规流程所需的比特数更少[48]。

　　H.265/HEVC（即 MPEG-H）视频压缩标准包含了更为精细和灵活的帧内预测方案[49]。由于高分辨率视频业务的特性，基于 H.264 的宏块的编码方式存在一些局限性，H.265 采用编码树单元（coding tree unit, CTU）和编码树块（coding tree block, CTB）进行改进。其中，CTU 的概念类似于 H.264 中的宏块，可由编码器设定，大小可选 16×16、32×32 和 64×64。一个 CTU 由一个亮度 CTB、两个色度 CTB 和一些关联的语法元素组成，如图 2.18 所示，H.265 支持使用四叉树结构将编码树块划分为更小的编码块（coding block, CB），并按照深度优先顺序依次对它们进行编码。对于亮度帧内预测，可选基于 4×4 块、8×8 块、16×16 块、32×32 块、64×64 块的预测。这种尺寸的多样性提供了更多的预测方式。每一种尺寸都支持 35 种亮度帧内预测模式。对于色度帧内预测，可选基于 4×4 块、8×8 块、16×16 块、32×32 块的预测，每种尺寸都支持五种色度帧内预测模式，也可以直接沿用当前块的亮度预测模式。其中 35 种亮度帧内预测模式分别以编号 0–34 定义。模式 0 定义为平面模式（INTRA_PLANAR），模式 1 定义为均值模式（INTRA_DC），模式 2–34 定义为角度预测模式（INTRA_ANGULAR 2 – INTRA_ANGULAR 34）。平面模式指水平方向和垂直方向上分别利用相邻像素进行线性差值，并使用均值作为预测值。均值模式指使用所有参考像素的均值作为预测值。角度预测模式如图 2.19 所示，不同的角度预测模式将产生不同的投影参考像素。依据 H.265 视频压缩标准设计者观测到的预测角度和预测有效性的统计结论，角度预测模式在靠近水平和垂直方向的定义更为稠密。

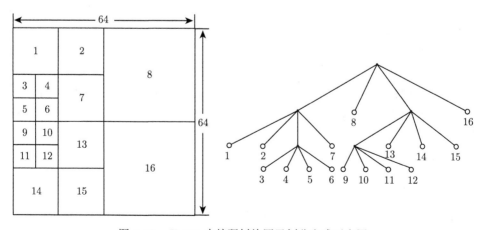

图 2.18　H.265 中编码树块四叉划分方式示意图

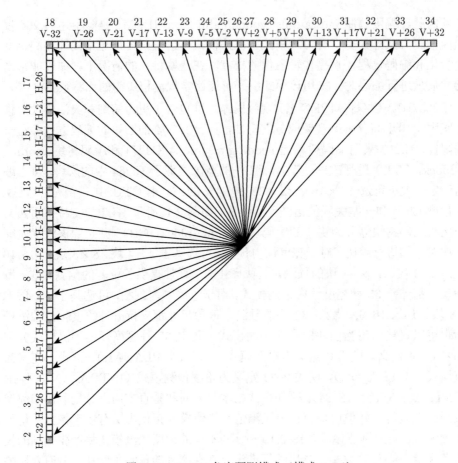

图 2.19   H.265 角度预测模式（模式 2–34）

在 H.265/HEVC 进行亮度帧内预测时，首先根据绝对变换误差和筛选候选模式（选取若干绝对变换误差和较小者），然后计算候选模式中率失真代价最小的模式为最终帧内预测模式。为了在使用 H.265 数十种的帧内预测模式的同时保持较小的编码开销，与 H.264 评估一种帧内最可能预测模式不同，H.265 根据当前块左侧和上侧相邻块的帧内预测模式评估三种最可能模式。若三种最可能模式中存在所需的最终帧内预测模式，则只需编码其索引值，否则需要五比特对其进行编码。

2.4.3   帧间预测编码

2.4.3.1   H.264/AVC 树状结构分块

H.264/AVC 标准中，宏块的两级树状结构如图 2.20 所示。在第一级分割中，宏块可以划分为 16 × 16，两个 16 × 8，两个 8 × 16 或四个 8 × 8 的分块。对于

8×8 的子宏块（sub-macroblock），可以进一步划分为两个 8×4，两个 4×8 或四个 4×4 的子块，这一级的分割称为子宏块划分。在进行运动估计的时候，每种分块模式通常要被尝试一次，通过运动搜索计算出宏块各种可能的分块方式所能得到的最小代价，选取这些最小代价中最小值对应的分块模式作为该宏块的最佳帧间划分模式。

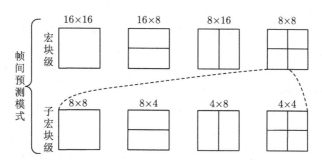

图 2.20   H.264/AVC 帧间预测编码中宏块的树状结构划分

2.4.3.2 基于块的运动估计和运动补偿

运动估计是视频编码器中帧间预测的核心模块，也是具有最高时间复杂度的模块。如图 2.21所示，基于块的运动估计（motion estimation，ME）是指：在参考帧（reference frame）中的某个搜索范围内，按照给定的搜索算法和块匹配准则，寻找当前待编码块（如 16×16 亮度块）的最佳匹配块。其中，参考帧是已经过编码并重建的视频帧，在播放顺序上可以位于当前待编码视频帧之前或之后；

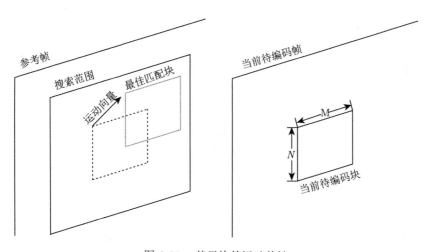

图 2.21   基于块的运动估计

最佳匹配块相对于当前待编码块的位置偏移采用运动向量 MV 表示；块匹配准则通常是关于预测残差（当前待编码块和参考块之间的差异）和运动向量的代价函数。基于块的运动补偿是指从当前待编码块中减去运动估计所得的最佳匹配块从而形成残差块的过程。

1. 运动估计搜索算法

视频编码标准并未规定运动估计所需采用的搜索算法，其可分为两种类型：全搜索和快速搜索。全搜索算法需要遍历参考帧中搜索范围内的每个参考块，分别计算它们的代价函数，从中选取具有最小代价函数值的参考块作为最佳匹配块。可以看出，全搜索算法虽然可以保证得到（搜索范围内的）全局最佳匹配块（即代价函数的全局最优解），但是算法时间复杂度较高，在实际应用中较少采用。为了降低运动估计的时间复杂度，研究者们提出了一系列快速搜索算法。这类搜索算法的基本思想是：通过设计有效的搜索策略或模式，从而以尽可能少的搜索位置确定最佳匹配块。经典的快速搜索算法包括：三步搜索算法、钻石型搜索算法、六边形搜索算法、非对称十字多层六边形格点搜索算法（unsymmetrical cross multi-hexagon-grid search，UMH）、增强预测区域搜索算法（enhanced predictive zonal search，EPZS）。需要注意地是，某些快速搜索算法只能确保得到局部最佳匹配块（即代价函数的局部最优解），无法保证得到全局最佳匹配块。

2. 运动估计分块尺寸

通常情况下，用于运动估计的分块尺寸越小，运动补偿所得残差块的能量越低。然而，对待编码帧进行运动估计时，若单纯采用较小尺寸的分块，将增加需要进行运动估计分块的数量，这具有以下两点局限性：首先，需要更多的最佳匹配块搜索操作，增加了帧间预测的时间复杂度；其次，生成了更多的运动向量，增加了编码运动向量所需的比特数。这两点局限性在一定程度上可能抵消采用小尺寸分块进行运动估计产生的增益（即运动补偿所得残差块的能量较低）。因此，第二、第三代视频编码技术在进行运动估计时，通常根据待编码视频帧的内容特性，综合采用多种尺寸的分块，即在纹理平坦区域采用较大尺寸的分块，在纹理复杂区域和运动剧烈区域采用较小尺寸的分块。

3. 运动估计搜索精度

在参考帧中采用亚像素（如半像素，1/4 像素，1/8 像素）步长进行最佳匹配块搜索，通常能够获得更加理想的运动估计结果。因此，当前主流的视频编码技术通常采用亚像素（sub-pixel）运动估计，通过搜索参考帧中位于整像素和亚像素位置上的参考块以确定最佳匹配块。由于视频帧只包含整像素点，故亚像素点需要通过插值（interpolation）计算得到。通常情况下，经过插值的参考帧分辨率越高（即插值越精细），运动估计的结果越精确，运动补偿去除时间冗余的效果越好，从而能够达到更高的压缩编码效率。然而，一方面，插值精度的提升将扩大参考块的搜索空间，提高帧间预测的时间复杂度；另一方面，亚像素运动估计所获得的压缩性能增益将随着插值精度的提升而逐渐降低，其中，半像素运动估计相比整像素运动估计，能够获得最大程度的编码性能提升；1/4 像素运动估计相比半像素运动估计，可获得中等程度的编码性能提升；1/8 像素运动估计相比 1/4 像素运动估计，在编码性能的提升程度上将进一步下降，以此类推。如图 2.22 所示，主流视频编码器（如 x264）在进行亚像素运动估计时，综合考虑了时间复杂度和压缩性能增益，先进行整像素运动估计，获得最佳整像素位置；再缩短搜索步长，在此最佳整像素位置周围寻找位于半像素位置的最佳匹配块；此后，在所得最佳匹配块（位于整像素或半像素位置）附近，搜索是否存在位于 1/4 像素位置的参考块，使得能够进一步提高运动估计的性能。

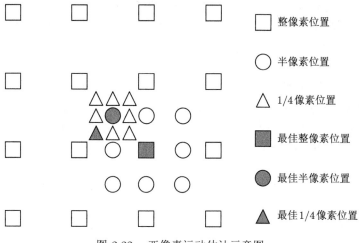

图 2.22　亚像素运动估计示意图

4. 块匹配准则

进行运动估计时，与帧内预测相似，通常采用拉格朗日乘子法的率失真代价函数作为块匹配准则，选择代价最小的运动向量作为运动估计结果。相应的率失真代价定义为

$$J_{\mathrm{MOTION}} = \mathrm{Distortion} + \lambda_{\mathrm{MOTION}} \cdot \mathrm{Rate} \tag{2-12}$$

式中，MOTION 代表某个运动向量及其所指向的参考块；Distortion 反映了当前进行运动估计的分块 s 和相应参考块 c 的像素值的差异大小；$\lambda_{\mathrm{MOTION}}$ 是与量化步长相关的拉格朗日乘子；Rate 表示编码运动估计数据（包括 MOTION 相应的运动向量和参考帧索引）所需的比特数。此时，$\lambda_{\mathrm{MOTION}}$ 用于控制失真 Distortion 和编码比特数 Rate 之间的平衡。较大的 $\lambda_{\mathrm{MOTION}}$ 倾向于以牺牲视觉保真度为

代价降低码率，较小的 $\lambda_{\mathrm{MOTION}}$ 侧重于以高码率开销为代价降低视觉失真。对于失真 Distortion，进行整像素运动估计时，通常采用绝对误差和（SAD，见公式(2-8)）进行计算；进行亚像素运动估计时，通常采用绝对变换误差和（SATD，见公式(2-9)）进行计算。

2.4.3.3　H.264/AVC 的 MV 预测与 SKIP 模式

在帧间编码中，每个分块都有运动向量需要被编码。若不对运动向量进行压缩，则在某些情况下，如存在较多小尺寸的帧间编码分块时，编码运动向量将消耗大量比特数，甚至超过预测残差。为了减少编码运动向量所需的比特数，H.264/AVC 利用相邻运动向量之间的相关性，根据相邻已编码块的运动向量对当前待编码块的运动向量进行预测，通过只对运动向量预测值 MVP（motion vector prediction）和运动向量实际值之间的差值 MVD（motion vector difference）（MVD = MV − MVP）进行编码，从而有效减少运动向量的编码比特数。

1. MVP 的计算

如图 2.23所示，假设 E 为当前分块，A 为 E 左方最上边 4×4 邻块所属的分块，B 为 E 上方最左边 4×4 邻块所属的分块，C 为 E 右上角对角 4×4 邻块所属分块。E 的运动向量预测值 MVP 可以由邻块 A、B 和 C 的运动向量预测得到。上述分块可以为任意大小。

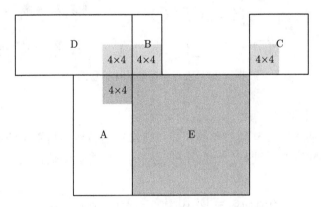

图 2.23　运动向量预测参考的邻块位置

MVP 的具体计算遵从以下规则。

（1）对于 16×8 划分，上方 16×8 块的 MVP 根据 B 预测得到，下方 16×8 块的 MVP 根据 A 预测得到。

（2）对于 8×16 划分，左侧 8×16 块的 MVP 根据 A 预测得到，右侧 8×16

块的 MVP 根据 C 预测得到。

（3）对于除 16×8 和 8×16 之外的其他划分，MVP 取 A，B，C 块运动向量的中值（对于 A，B，C 块运动向量的两个分量，分别取中值后组合成 MVP）。

此外，预测规则需要根据分块可用性进行调整，调整规则如下。

（1）当 A，B，C 都不可用时，无须预测，直接编码当前块的运动向量。

（2）当右上角分块 C 不可用时，采用左上角分块 D 代替。

（3）当 A，B，C 所用参考帧与当前块所用参考帧不是同一帧时，这些分块不可用。

（4）当 A，B，C 中只有一个块可用时，MVP 等于该块的运动向量。

（5）当 A，B，C 中有两个块可用时，将不可用块的运动向量记为零向量，MVP 仍然取三个分块 MV 的中值。

2. SKIP 编码模式

H.264/AVC 标准中的跳跃模式（SKIP）是一种只针对宏块的特殊编码方式。SKIP 模式的宏块只需要在码流中标明其为 SKIP 宏块即可，不需要进行压缩编码。H.264/AVC 标准中有两种类型的 SKIP 宏块：P_Skip 宏块和 B_Skip 宏块。P_Skip 宏块也称为 COPY 宏块，编码时既无运动向量残差，也不编码量化残差，解码时直接用 MVP 作为运动向量得到像素预测值，并将它们直接作为像素重构值。

将宏块编码成 P_Skip 类型需要满足如下四个条件。

（1）最佳帧间模式划分为 16×16 帧间划分模式。

（2）参考帧为参考帧列表 List 0 中的第一个参考帧。

（3）运动估计得到的运动向量等于预测运动向量 MVP。

（4）变换系数均被量化为 0 或者根据某种算法被丢弃。

B_Skip 模式是无残差的直接预测模式（见 2.4.3.4节）的特殊情况。这里的无残差指的是残差被全部量化为 0 或者根据某种算法被丢弃。解码时，通过直接预测模式（时间或空间）计算出前后向运动向量，利用前后向运动向量得到像素预测值，直接将像素预测值作为像素重构值。

2.4.3.4　B 帧预测

B 帧的预测是双向的，分别参考 List 0 和 List 1 两个参考帧列表进行前向和后向预测。

1. B 帧的编码过程

H.264/AVC 通常按照以下流程编码 B 帧：编码器首先编码一个 I 帧，然后向前跳过几个帧，将编码过的 I 帧作为参考帧对该帧进行 P 帧编码，然后把编码过的 I 帧和 P 帧之间的显示序列中的空隙用 B 帧填充，参考 I 帧、P 帧和已经编码过的 B 帧进行编码。此后，编码器会再次跳过几个帧，使用第一个 P 帧作为基准帧编码下一个 P 帧，然后再次跳回，将编码过的两个 P 帧之间的帧编码成 B 帧。不断重复此过程，一直编码到帧序列的结尾。

2. 预测结构

在编码帧结构上，H.264/AVC 可采用以下四种预测结构：I I I⋯ 结构、I P P 结构、I B B⋯B P 结构（也称为普通 B 帧结构）和分层（hierarchical）B 帧结构。第一种只包含 I 帧，编码效率较低，实际应用中较少使用；第二种属于 H.264/AVC 基本档次（Baseline profile）中的基本预测结构；第三种和第四种是主要档次（Main profile）中的预测结构。其中普通 B 帧结构较为简单，已在上文中简述了其编码过程。在分层 B 帧结构中，GOP 里面的帧被分为两类：关键帧（I 帧或采用前一个关键帧进行帧间预测编码的 P 帧）和非关键帧（进行双向帧间预测编码的 B 帧）。虽然 B 帧编码可提供较高的压缩编码效率，但会导致编码延时（图 2.24），故不适用于实时应用。

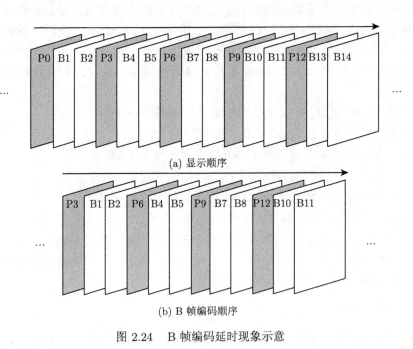

(a) 显示顺序

(b) B 帧编码顺序

图 2.24   B 帧编码延时现象示意

3. B 宏块的预测模式

H.264/AVC 中，B 宏块的预测模式有四种：直接预测（DIRECT）模式、双向预测模式、利用 List 0 的单向预测模式和利用 List 1 的单向预测模式。对于不同尺寸的分块，预测模式只能在一定范围内筛选：只有 16×16 和 8×8 块能够采用 DIRECT 模式；8×8 块所选择的预测模式会应用到其中的所有子分块；B 宏块在预测过程中采用双向预测，但实际编码时不一定都有两个参考帧。由于 B 宏块的单向预测与 P 宏块类似，下面主要介绍直接预测模式和双向预测模式。

1）直接预测模式

16×16 和 8×8 块可以采用直接预测模式，其特点为：有像素残差、无运动向量残差（MVD）、无参考帧号。解码时，通过直接预测模式计算出前、后向的运动向量，并利用它们得到像素预测值，进而计算像素预测值与残差解码值之和，将其作为像素重构值。直接预测模式可以节省大量比特，因为不需要传输 MVD 和参考帧号，它们可以通过 List 0 和 List 1 中的已编码帧直接计算出来。其中，运动向量的计算模式分为两种：时间模式和空间模式，依次介绍如下。

（1）时间模式。

时间模式的直接预测基于一个假设：被预测的块处于均匀运动状态中。在此假设下，如果当前块在 List 1 中参考帧的对应位置块①存在相对于 List 0 中参考帧的运动向量，就可以利用当前 B 帧与两个方向参考帧的距离（相隔帧的个数），按照比例计算出两个方向的运动向量。

时间模式是利用 List 1 参考帧中对应位置块的运动信息预测当前块的运动信息，只考虑了视频信息时间上的依赖关系，但是在一些情况下，时间模式并不能达到很好的预测效果，例如 List 0 和 List 1 之间发生了场景变换、List 1 中对应位置块使用帧内编码、List 1 中对应位置块参考的 List 0 参考帧的距离较远、List 0 与 List 1 之间的物体处于加速或减速等不规则运动状态。

（2）空间模式。

空间模式直接预测利用当前帧中空间相邻块的运动信息对当前块的运动向量进行预测，主要包含如下两个步骤。

步骤 1：参考帧选择。空间模式选择当前块的邻块 A、B、C 使用的参考帧中离当前帧较近的参考帧作为当前块的参考帧，两个方向独立选择。若一个方向没有可用的参考帧，那么认为空间模式在该方向参考帧不可用，只使用单向空间模式。若两个方向都无可用参考帧，则选择两个方向离当前帧最近的参考帧。采用这种参考帧选择方法可以避免时间模式参考帧选择的一些问题，比如在场景切换发生时，在两个内容完全不相关的视频帧之间插入的 B 帧，就会只选取其中一个参考帧做直接预测，而在时间模式中则会同时使用两个属于不同场景的帧进行预测。

---

① 在参考帧或场中与当前宏块的相对位置相同的宏块称为对应位置块（co-located），因为当前图像和参考图像可能分别为帧或场，所以可以分为很多种情况，最简单的情况就是当前图像和参考图像都是帧或者场，详见 H.264 标准[48] 8.4.1.2.1。

步骤 2：运动向量选择。2.4.3.3 节中已经介绍了计算 MVP 的方法，在此基础上，在选择运动向量时结合时间模式可以取得更好的预测效果，具体地，如果当前块是静止的或者运动向量很小，那么它的相邻图像的对应位置块通常也处于静止状态。据此，运动向量的选择过程如下。

① 检查 List 1 第一帧中对应位置块的 **MV** [0] 或者 **MV** [1] 是否小于等于 1/4 像素，且该帧为短期参考帧。

② 如果满足上述条件，此时检查两个方向的参考帧帧号是否为 0；如果某方向的参考帧帧号为 0，则将当前块在该方向的运动向量置为 0。

③ 如果上述两个条件都不满足，则采用 MVP 预测获得当前块两个方向的 MVP 作为当前块的运动向量。

结合时间模式避免了单纯使用邻块运动向量进行预测所产生的预测错误，如图 2.25 中邻块运动向量就不适合作为当前块的 MVP。时间模式和空间模式相结合的直接预测兼顾了时间和空间的信息相关性，显著提高了编码效率。

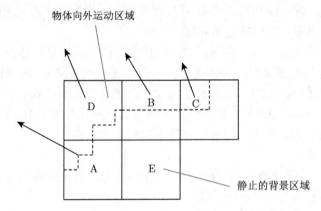

图 2.25　邻块包含物体边界运动时，当前背景块的预测需要结合时间模式

2）双向预测模式

双向预测使用分别位于 List 0 和 List 1 中的两个方向参考帧进行运动补偿。给定某个采用双向帧间预测模式进行编码的分块，计算 MVD 和参考帧的过程如下。

（1）在两个参考帧列表中分别进行运动估计，得到前向和后向运动向量（**MV0** 和 **MV1**）。

（2）利用邻近块的同方向运动向量计算该块两个方向的 MVP（**MVP1** 和 **MVP2**），该步骤可以与上一步骤交换顺序，并且用 MVP 作为运动估计的搜索起点。

（3）通过同方向运动向量和 MVP 计算出相应的 MVD 进行编码传输。

得到运动向量和使用的参考帧之后，就可以确定两个方向的参考块，进而计算出预测像素值。在不使用加权预测①时，预测像素值为两个参考块像素值的平均值，即

$$\mathbf{pred}(i,j) = \frac{\mathbf{pred}_{L0}(i,j) + \mathbf{pred}_{L1}(i,j) + 1}{2} \tag{2-13}$$

式中，(i,j) 为像素坐标；$\mathbf{pred}_{L0}$ 是位于 List 0 中参考帧的参考块；$\mathbf{pred}_{L1}$ 是位于 List 1 中参考帧的参考块。得到预测值之后，用实际像素值减去预测像素值，得到待编码的残差。

2.4.3.5 H.265/HEVC 帧间预测编码

H.265/HEVC 的帧间预测模式有两种，一种是高级运动向量预测（advanced motion vector prediction，AMVP）技术，通过利用空域、时域内相邻块的运动向量来推导最可能的运动向量集合，然后编码选中的预测运动向量索引和相应的差分运动向量。第二种是合并模式（merge），即允许集成时域或空域相邻块的参考帧和运动向量信息。相比于 H.264/AVC 的 SKIP 模式和直接模式，合并模式的运动信息预测准确度更高。上述两者都使用了空域和时域运动向量预测思想，通过建立候选运动向量列表，选取性能最优的一个作为当前 PU（prediction unit）的预测运动向量。

1. 高级运动向量预测技术

高级运动向量预测使用当前左侧和上方的 PU 各产生一个候选预测运动向量，并选择其一作为最优的预测对当前运动向量进行预测编码。如图 2.26 所示，首先从 A0、A1 中选择一个候选，再从 B0、B1、B2 中选择一个候选。当相邻块的参考帧和当前块的参考帧不同时，还需要基于时域距离对相邻块的运动向量进行缩放。如果空域可用候选不足两个或者选择的两个空域运动向量一样，这时编码器再按照图中 T0、T1 的顺序选择一个时域运动向量作为补充。如果运动向量预测候选仍然不足两个，则补充零运动向量作为候选。最后编码端选择最优的预测候选，并将其索引传递到解码端。

2. 运动合并模式

与 AMVP 不同的是，合并模式的时域对应帧是确定的，只需要编码一个候选索引，无须编码参考帧索引和运动向量差异。合并模式类似于 H.264/AVC 的直接模式和 SKIP 模式，但需要编码一个索引值，利用该索引值，从可供选择的多

---

① H.264/AVC 标准中规定了两种加权预测模式：显式模式（explicit mode）和隐式模式（implicit mode）。显式模式的加权系数由编码器决定，而隐式模式的加权系数参考图像的时间位置推出，越接近当前图像时系数越大，反之越小。

套运动参数集合中选择最优的运动参数，而 H.264/AVC 的直接模式和 SKIP 模式都是通过相邻块导出运动参数，不编码其他运动参数信息。此外，H.265/HEVC 的 SKIP 模式与合并模式采取相同的推导方式，它仅用于 PART_2N × 2N 的划分，而且不需要编码残差。

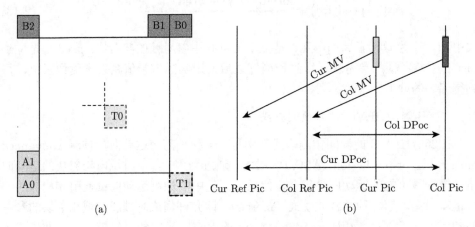

图 2.26　相邻块和时域运动向量缩放示意图

合并模式为当前 PU 建立一个运动向量候选列表，其中存在五个候选 MV（及其对应的参考图像）。遍历这五个候选运动向量，选取率失真代价最小的作为最优运动向量。若编解码器依照相同的方式建立候选列表，则编码器只需要传输最优运动向量在候选列表中的索引即可。P 条带的运动向量候选列表的构建包含空域和时域两种，而对于 B 条带，还包含组合列表的方式。

1）空域候选列表

如图 2.26(a) 所示，按照 A1、B1、B0、A0 和 B2 的顺序检查相邻块是否可用，若可用则将其加入候选运动参数列表中。其中 B2 为替补，当 A1，B1，B0，A0 中只有一个或多个不存在时，需要使用 B2 的运动信息。因此最多提供四个候选运动向量，即最多使用图中五个候选块中的四个候选块的运动信息。

2）时域候选列表

与空域情况不同，时域候选列表不能直接使用候选块的运动信息，而需要根据参考图像的位置关系做相应的比例放缩调整。在图 2.26(b) 中，设 Td 和 Tb 分别表示当前图像 Cur Pic、同位图像 Col Pic 与二者参考图像 Cur Ref Pic、Col Ref Pic 之间的距离，则当前 PU 的时域候选运动向量为 Cur MV = $(Td/Tb) \times$ Col MV。

HEVC 中规定时域最多只提供一个候选 MV，由 T0 位置同位 PU 的运动向量放缩得到。如果 T0 位置的 PU 运动信息不可用，如其不存在或采用帧内编码，则将 T1 位置的 PU 运动信息作为候选。

3）组合列表

对于 B 条带的 PU 而言，由于存在两个运动向量，因此其运动向量候选列表也需要提供两个预测运动向量。将前四个候选运动向量进行两两组合，产生 B 条带的组合列表。

在条带头中规定了合并模式的候选参数集大小 C。如果候选参数个数超过 C，则取前 $C-1$ 个空域及时域运动参数构建运动参数集合；否则，补充额外的候选加入运动参数集直至候选个数达到最大候选范围 C。对于 B 帧，可采用组合的双向预测来补充候选，对于 P 帧或 B 帧中候选参数不够 C 个的情况，使用零向量来填充。

2.4.4 变换编码

变换编码将视频的空域信号变换为频域信号，有效去除了信号相关性，并使大部分能量集中在低频区域。由于人眼对低频信号比对高频信号更加敏感，通过对不同变换系数实施不同步长的量化，有选择地编码人眼敏感的低频信号，并丢弃部分人眼不敏感的高频信号，从而达到提高视频编码效率的目的。

视频本质上是连续采样得到的图像帧，其内容相关性表现在帧内和帧间两个方面。所以，主流视频编码方法的压缩策略是利用帧内预测技术去除空间冗余，利用帧间预测技术去除时间冗余。而去冗余之后的差值信息则一般通过变换编码进一步处理。自 1968 年快速傅里叶变换（fast Fourier transform，FFT）技术被利用进行图像编码以来，出现了多种正交变换编码方法，如 K-L（Karhunen-Loeve）变换、离散余弦变换（discrete cosine transform，DCT）等。其中，K-L 变换具有最优的去相关性，但缺乏快速算法，且变换矩阵随图像而异，不同图像需计算不同的变换矩阵。（浮点）离散余弦变换编码性能接近于 K-L 变换，并且具有快速算法，广泛应用于图像编码。JPEG 图像压缩就是基于 8×8 分块（浮点）离散余弦变换技术来进行变换编码的。

视频变换编码技术发展如下：MPEG-2、H.263 等视频编码标准，采用浮点离散余弦变换来进行变换。离散余弦变换可以由离散傅里叶变换导出，但是它只使用实数。由于浮点运算在实际软硬件环境中的误差，逆变换时会出现漂移现象。为了避免离散余弦变换的浮点运算在实际软硬件环境中的误差，同时减少计算的复杂度，H.264/AVC 视频编码标准对预测残差的亮度分量一般采用基于 4×4 分块的整数离散余弦变换技术①。下面介绍整数离散余弦变换技术。

首先，$N\times N$ 分块的离散余弦变换可以表示成：

---

① 在高档次中，也支持 8×8 分块的整数离散余弦变换技术。

$$Y(u,v) = c(u)c(v) \sum_{i=0}^{N-1} \sum_{j=0}^{N-1} X(i,j) \cos\left[\frac{(i+0.5)\pi}{N}u\right] \cos\left[\frac{(j+0.5)\pi}{N}v\right]$$

$$c(u) = \begin{cases} \sqrt{\dfrac{1}{N}}, & u = 0 \\[3mm] \sqrt{\dfrac{2}{N}}, & u \neq 0 \end{cases} \tag{2-14}$$

$$c(v) = \begin{cases} \sqrt{\dfrac{1}{N}}, & v = 0 \\[3mm] \sqrt{\dfrac{2}{N}}, & v \neq 0 \end{cases}$$

式中，$X(i,j)$ 是待变换块 X 中位于第 i 行第 j 列的元素；$Y(u,v)$ 是离散余弦变换系数矩阵 Y 中相应位置上的变换系数。离散余弦变换也可以表示成矩阵运算的形式：

$$Y = AXA^{\mathrm{T}}$$

$$A(i,j) = c(i) \cos\left[\frac{(j+0.5)\pi}{N}i\right] \tag{2-15}$$

具体地，H.264 编码标准中对 4×4 的待编码系数块进行操作，则相应的变换矩阵 A 为

$$A = \begin{bmatrix} \dfrac{1}{2}\cos(0) & \dfrac{1}{2}\cos(0) & \dfrac{1}{2}\cos(0) & \dfrac{1}{2}\cos(0) \\[3mm] \sqrt{\dfrac{1}{2}}\cos\left(\dfrac{\pi}{8}\right) & \sqrt{\dfrac{1}{2}}\cos\left(\dfrac{3\pi}{8}\right) & \sqrt{\dfrac{1}{2}}\cos\left(\dfrac{5\pi}{8}\right) & \sqrt{\dfrac{1}{2}}\cos\left(\dfrac{7\pi}{8}\right) \\[3mm] \sqrt{\dfrac{1}{2}}\cos\left(\dfrac{2\pi}{8}\right) & \sqrt{\dfrac{1}{2}}\cos\left(\dfrac{6\pi}{8}\right) & \sqrt{\dfrac{1}{2}}\cos\left(\dfrac{10\pi}{8}\right) & \sqrt{\dfrac{1}{2}}\cos\left(\dfrac{14\pi}{8}\right) \\[3mm] \sqrt{\dfrac{1}{2}}\cos\left(\dfrac{3\pi}{8}\right) & \sqrt{\dfrac{1}{2}}\cos\left(\dfrac{9\pi}{8}\right) & \sqrt{\dfrac{1}{2}}\cos\left(\dfrac{15\pi}{8}\right) & \sqrt{\dfrac{1}{2}}\cos\left(\dfrac{21\pi}{8}\right) \end{bmatrix} \tag{2-16}$$

根据相关三角函数性质，有：

$$A = \begin{bmatrix} \dfrac{1}{2} & \dfrac{1}{2} & \dfrac{1}{2} & \dfrac{1}{2} \\ \sqrt{\dfrac{1}{2}}\cos\left(\dfrac{\pi}{8}\right) & \sqrt{\dfrac{1}{2}}\cos\left(\dfrac{3\pi}{8}\right) & -\sqrt{\dfrac{1}{2}}\cos\left(\dfrac{3\pi}{8}\right) & -\sqrt{\dfrac{1}{2}}\cos\left(\dfrac{\pi}{8}\right) \\ \dfrac{1}{2} & -\dfrac{1}{2} & -\dfrac{1}{2} & \dfrac{1}{2} \\ \sqrt{\dfrac{1}{2}}\cos\left(\dfrac{3\pi}{8}\right) & -\sqrt{\dfrac{1}{2}}\cos\left(\dfrac{\pi}{8}\right) & \sqrt{\dfrac{1}{2}}\cos\left(\dfrac{\pi}{8}\right) & -\sqrt{\dfrac{1}{2}}\cos\left(\dfrac{3\pi}{8}\right) \end{bmatrix}$$

$$(2\text{-}17)$$

令 $a = \dfrac{1}{2}$，$b = \sqrt{\dfrac{1}{2}}\cos\left(\dfrac{\pi}{8}\right)$，$c = \sqrt{\dfrac{1}{2}}\cos\left(\dfrac{3\pi}{8}\right)$，有：

$$A = \begin{bmatrix} a & a & a & a \\ b & c & -c & -b \\ a & -a & -a & a \\ c & -b & b & -c \end{bmatrix} \tag{2-18}$$

式(2-15)可推导为

$$Y = (CXC^{\mathrm{T}}) \circ E$$

$$= \left(\begin{bmatrix} 1 & 1 & 1 & 1 \\ 1 & d & -d & -1 \\ 1 & -1 & -1 & 1 \\ d & -1 & 1 & -d \end{bmatrix} X \begin{bmatrix} 1 & 1 & 1 & d \\ 1 & d & -1 & -1 \\ 1 & -d & -1 & 1 \\ 1 & -1 & 1 & -d \end{bmatrix} \right) \circ \begin{bmatrix} a^2 & ab & a^2 & ab \\ ab & b^2 & ab & b^2 \\ a^2 & ab & a^2 & ab \\ ab & b^2 & ab & b^2 \end{bmatrix}$$

$$(2\text{-}19)$$

式中，$d = \dfrac{c}{b}(\approx 0.414)$；符号 $\circ$ 表示哈达玛乘积①。对于整数离散余弦变换技术，为尽量避免截断误差，同时减少变换运算的复杂度，H.264 一般将 d 的取值设为 0.5。同时为了保持变换的正交性，对 b 进行修正，取 $b = \sqrt{\dfrac{2}{5}}$[50]。最终得到修改后的变换公式为

---

① 给定两个相同维度的 $m \times n$ 矩阵 A、B，哈达玛乘积标记为 $A \circ B$，定义为一个 $(A \circ B)_{ij} = a_{ij}b_{ij}$ 的 $m \times n$ 矩阵。

$$Y = (C_f X C_f^T) \circ E_f$$

$$= \left(\begin{bmatrix} 1 & 1 & 1 & 1 \\ 2 & 1 & -1 & -2 \\ 1 & -1 & -1 & 1 \\ 1 & -2 & 2 & -1 \end{bmatrix} X \begin{bmatrix} 1 & 2 & 1 & 1 \\ 1 & 1 & -1 & -2 \\ 1 & -1 & -1 & 2 \\ 1 & -2 & 1 & -1 \end{bmatrix} \right) \circ \begin{bmatrix} a^2 & \dfrac{ab}{2} & a^2 & \dfrac{ab}{2} \\ \dfrac{ab}{2} & \dfrac{b^2}{4} & \dfrac{ab}{2} & \dfrac{b^2}{4} \\ a^2 & \dfrac{ab}{2} & a^2 & \dfrac{ab}{2} \\ \dfrac{ab}{2} & \dfrac{b^2}{4} & \dfrac{ab}{2} & \dfrac{b^2}{4} \end{bmatrix}$$

$$(2\text{-}20)$$

这样，$C_f X C_f^T$ 可采用蝶形算法[51] 将二维变换转化为一维整数加法、减法和移位（乘以 2）运算实现。整数离散余弦变换与（浮点）离散余弦变换运算结果近似，但因为 b 和 d 的值有所变化，所以两者结果有差别。

除此之外，对于采用帧内 16×16 预测模式的亮度残差分量块，每个 4×4 子块整数离散余弦变换的直流分量将被组合起来，作为一个 4×4 的矩阵进一步进行哈达玛（Hadamard）变换。4×4 哈达玛变换公式为

$$Y^{D4} = \left(\begin{bmatrix} 1 & 1 & 1 & 1 \\ 1 & 1 & -1 & -1 \\ 1 & -1 & -1 & 1 \\ 1 & -1 & 1 & -1 \end{bmatrix} X^{D4} \begin{bmatrix} 1 & 1 & 1 & 1 \\ 1 & 1 & -1 & -1 \\ 1 & -1 & -1 & 1 \\ 1 & -1 & 1 & -1 \end{bmatrix} \right) / 2 \qquad (2\text{-}21)$$

H.265/HEVC 沿用了整数离散余弦变换，并进行了除 4×4 和 8×8 外，尺寸 16×16 和 32×32 的推广。H.265/HEVC 各个尺寸的整数离散余弦变换推导方法与前面所述 H.264/AVC 的 4×4 整数离散余弦变换基本相同，区别为矩阵元素整数化时放大的倍数不同，前者放大倍数更多且保留了更多的精度[52]。H.265/HEVC 另外引入了整数离散正弦变换（discrete sine transform, DST）。在复杂度上，4×4 整数离散正弦变换和 4×4 整数离散余弦变换相似。将其应用于帧内亮度分量预测时，将减少约 1% 的码率，但应用于其他预测时，无法显著提高编码性能，所以仅用于帧内 4×4 模式亮度分量残差编码[49]。所使用的 4×4 整数离散正弦变换公式为

$$Y = \left(\begin{bmatrix} 29 & 55 & 74 & 84 \\ 74 & 74 & 0 & -74 \\ 84 & -29 & -74 & 55 \\ 55 & -84 & 74 & -29 \end{bmatrix} X \begin{bmatrix} 29 & 74 & 84 & 55 \\ 55 & 74 & -29 & -84 \\ 74 & 0 & -74 & 74 \\ 84 & -74 & 55 & -29 \end{bmatrix} \right) \times \dfrac{1}{128} \times \dfrac{1}{128}$$

$$(2\text{-}22)$$

2.4.5 量化

量化（quantization）是指将信号的连续取值（或大量的离散取值）映射为若干个离散取值的过程。视频残差信号经过变换之后，变换系数往往具有较大的动态范围，对变换系数进行量化可以有效减小信号取值空间，获得更好的（有损）压缩效果，但同时也因此成为视频编码产生失真的根本原因。

H.264/AVC 视频压缩标准使用标量量化（scalar quantization）器。基本的前向量化器的操作是：

$$\boldsymbol{Z}(u,v) = \text{round}\left(\frac{\boldsymbol{Y}(u,v)+f}{Q_{\text{step}}}\right) \tag{2-23}$$

式中，$\boldsymbol{Y}(u,v)$ 是变换后的系数；Q_{step} 是量化器的步长；f 控制量化误差；$\boldsymbol{Z}(u,v)$ 是量化后的系数。H.264 标准建议量化帧内预测的变换系数时，$f = 2^{15+\frac{\text{QP}}{6}}/3$；量化帧间预测的变换系数时，$f = 2^{15+\frac{\text{QP}}{6}}/6$。这里的舍入操作（round）不需要舍入到最接近的整数，例如，有时向下取整反而有助于改善视频的视觉感知质量。该标准共支持 52 个 Q_{step} 值，并由范围为 0~51 的量化参数 QP 索引。以 QP 为 0 对应 Q_{step} 为 0.625 起始，索引项 QP 每增加 1，量化步长 Q_{step} 就增加 $\sqrt[6]{2}-1$ 倍，即索引项 QP 每增加 6，量化步长 Q_{step} 的大小就会加倍。量化步长的广泛范围使编码器有可能在比特率和质量之间准确、灵活地进行权衡。

H.265/HEVC 视频压缩标准的基本量化方法与 H.264/AVC 相似。此外，这两种视频压缩标准在实现时都可以选择使用性能更优的量化方法，如率失真优化量化（rate-distortion optimization quantization，RDOQ）等。

2.4.6 熵编码

H.264/AVC 存在两种熵编码方案：基于上下文的自适应变长编码（context adaptive variable length coding，CAVLC）和基于上下文的自适应二进制算术编码（context adaptive binary arithmetic coding，CABAC）。与以往的单一码表的编码方式不同，CAVLC 通过多个码表切换逼近信源概率分布，以实现自适应编码，提高了熵编码的编码效率。但 CAVLC 方案并不能提供随条件符号统计特性真正意义上的自适应，而且由于整数长度码字的限制，可变长码不能有效地编码概率大于 0.5 的符号。自适应算术编码器因其能够无限逼近信源概率分布而具有高效的编码效率，H.264/AVC 中的 CABAC 通过建立更合适的上下文在概率分布模型中切换，和 CAVLC 相比，在编码效率上 CABAC 有 9% ~ 14% 的性能提高。限于篇幅，本书仅介绍 CAVLC 的原理，CABAC 熵编码方案可查阅相关文献[50,53]。

CAVLC 主要编码五种语法元素：系数标识（coeff_token，包括非零系数数量 TotalCoeffs 和拖尾系数数量 T1s）、拖尾系数符号、除拖尾系数外的非零系数幅值（Level）、最后一个非零系数前零的数量（TotalZeros）、每个非零系数前连续出现的零的数量（run_before）。其中，拖尾系数是指系数块按照 zigzag 顺序（图 2.27）扫描后，所得系数序列的末尾连续出现的 ±1 系数（中间可间隔任意多个 0）。如果 ±1 的数量大于三，则只有最后三个被视为拖尾系数，其余的被视作普通非零系数。

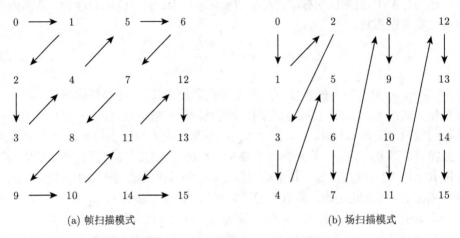

(a) 帧扫描模式　　　　　　　　　　　　　(b) 场扫描模式

图 2.27　4 × 4 系数块 zigzag 扫描模式

经过变换、量化后的残差数据有以下特点。

（1）非零系数主要集中在低频区域，高频系数大部分为零。

（2）非零系数的幅值变化有一定规律性和相关性，其游程也具有一定特性。

（3）直流系数附近的非零系数数值较大，而高频区域的非零系数有不少是 +1 和 −1。

（4）相邻块的非零系数的数量具有较大的相关性。

CAVLC 充分利用了以上残差数据的特点，采用游程编码表示 0 串，用特定的压缩方式标识 +1 或者-1 序列，通过查找不同码表编码非零系数的个数，根据相邻的幅度值自适应地选择码表。编码是从高频系数开始，也就是从最后一个非零系数开始，到第一个系数结束。具体的编码过程如下。

步骤 1：用 coeff_token 编码非零系数的个数和高频部分拖尾 ±1 系数序列的长度。（此时需要使用索引 x 查找 H.264 标准[48] 中的表 9-5。x 的计算方式为：$x = (N_{up} + N_{left})/2$，式中，$N_{up}$ 表示当前块上邻块的非零系数个数；N_{left} 表示当前块左邻块的非零系数个数；若块不可得到，则令其非零系数个数为 0。）

步骤 2：编码每个拖尾系数的符号。按照 zigzag 扫描的反向顺序，从高频数据开始，正数记为 0，负数记为 1。

步骤 3：依次编码所有剩余的非零系数幅值。主要包括两个部分：前缀（level_prefix）和后缀（level_suffix）。其编码流程如图 2.28所示。

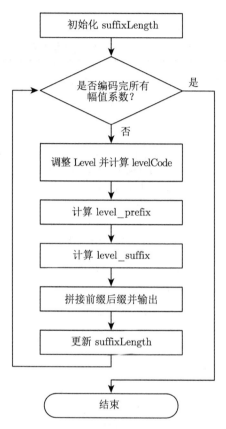

图 2.28 非拖尾系数幅值编码流程

步骤 4：编码最后一个非零系数前零系数的个数。

步骤 5：依次编码每个非零系数前连续出现的零系数的个数。

如图 2.29所示，给定一个 4 × 4 残差系数块，经过 zigzag 扫描后的数据为：

0	3	−1	0
0	−1	1	0
1	0	0	0
0	0	0	0

图 2.29 一个 4 × 4 残差系数块实例

$0, 3, 0, 1, -1, -1, 0, 1, 0, \cdots, 0$，则其中非零系数的数量为 TotalCoeffs = 5，最后一个非零系数前零的数量为 TotalZeros = 3，拖尾系数的数量为 T1s = 3，编码过程见表 2.2。

表 2.2　CAVLC 编码过程实例

编码元素	编码元素值	编码码字
coeff_token	TotalCoeffs = 5; T1s = 3	0000100
T1 sign (4)	+	0
T1 sign (3)	−	1
T1 sign (2)	−	1
Level (1)	+1 (level_prefix = 1; suffixLength = 0)	1
Level (0)	+3 (level_prefix = 001; suffixLength = 1)	0010
TotalZeros	3	111
run_before (4)	ZerosLeft = 3; run_before = 1	10
run_before (3)	ZerosLeft = 2; run_before = 0	1
run_before (2)	ZerosLeft = 2; run_before = 0	1
run_before (1)	ZerosLeft = 2; run_before = 1	01
run_before (0)	ZerosLeft = 1; run_before = 1	最后一个非零系数；无须编码

2.4.7　编码块模式

H.264/AVC 标准中定义了 H.264/AVC 语法，并在语法元素方面指定了与 H.264/AVC 兼容的二进制流的确切结构。根据 H.264/AVC 语法规范，编码块模式（coded block pattern，CBP）是一种语法元素，它存在于不使用 16 × 16 帧内预测模式的宏块编码中。它包含在宏块层（图 2.30）中，表示宏块中的亮度块和色度块是否包含非零变换系数。CBP 可以表示为一个六位二进制数，对应十进制取值范围在 0 到 47 之间。

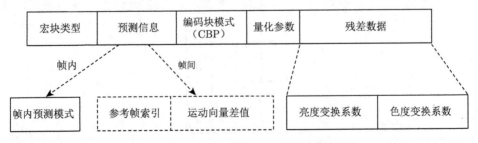

图 2.30　H.264/AVC 标准中宏块层的基本结构

如图 2.31所示，可以按照如下方式将 CBP 表示为 $\overline{b_5 b_4 b_3 b_2 b_1 b_0}$，其中 b_i $(i = 0, 1, \cdots, 5)$ 表示一个二进制数字。

（1）CBP 中的四个最低有效比特位（least significant bit，LSB），即 b_i $(i = 0, 1, 2, 3)$，表示在对应的 8×8 亮度块中是否存在一个或多个非零变换系数。特别地，b_i 的值可以表示为

$$b_i = \begin{cases} 1, & \text{出现非零亮度系数} \\ 0, & \text{未出现非零亮度系数} \end{cases} \tag{2-24}$$

（2）CBP 中的两个最高有效比特位（most significant bit，MSB）b_5 和 b_4 与色度变换系数相关：

$$\overline{b_5 b_4} = \begin{cases} (00)_2, & \text{未出现非零色度系数} \\ (01)_2, & \text{出现非零色度 DC 系数，未出现非零色度 AC 系数} \\ (10)_2, & \text{出现非零色度 AC 系数} \end{cases} \tag{2-25}$$

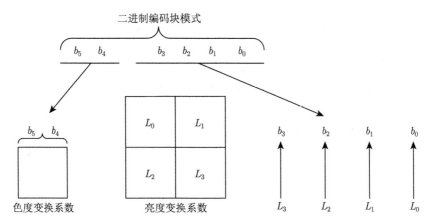

图 2.31　CBP 与相应分块变换系数之间的关系（b_i $(i = 0, 1, 2, 3)$ 表示分块 L_i 中是否存在非零系数；b_5 和 b_4 与色度非零变换系数的存在密切相关）

宏块的残差数据根据相应的 CBP 进行传输。如果 CBP 标识某分块不包含非零系数，那么该分块将被跳过。此外，由于 CBP 将被熵编码进视频码流，因此，通过参考相应的 CBP，可以方便地对宏块的残差数据进行解码。

2.5　本 章 小 结

本章在 2.1 节中介绍了相关预备知识，包括了数字视频采集方法、色彩信息表达方式、视频质量评价标准、常见的视频分辨率等内容，之后通过介绍数字视

频采集过程会产生的数据冗余类型来阐述视频压缩编码的依据。此外，还按照时间顺序介绍了视频编解码标准的发展过程。最后，为了保证读者能够更加深入地学习后续章节的内容，还着重介绍了当前主流视频编码框架中的关键技术，包括了帧内预测编码、帧间预测编码、变换、量化和熵编码等内容。

希望读者能够通过本章的学习，对现有视频编解码技术形成初步的认识和了解，理解并掌握相应的视频编码关键流程。从第 3 章开始，本书将着重对基于上述压缩域中相应码流语法元素调制的视频隐写算法及其针对性隐写分析方法展开具体论述。

2.6　思考与实践

（1）RGB 色彩空间与 YUV 色彩空间分别有哪些特点，它们之间是如何转换的？

（2）视频数据冗余主要包括哪几种类型？视频压缩编码分别应用哪些技术去除了这些冗余？

（3）在 H.264/AVC 视频压缩标准中，针对不同大小的亮度块，帧内预测模式各有几种？

（4）视频压缩编码产生失真的根本原因是什么？

（5）MPEG-2、H.263 等视频编码标准与 H.264/AVC 相比，在变换编码部分有何异同？

（6）说明 CAVLC 与 CABAC 的优缺点。

第 3 章 运动向量域隐写及其分析

运动向量域视频隐写通过调制视频压缩编码框架（图 2.10）中运动估计模块产生的运动向量以嵌入秘密信息。由于压缩视频通常包含充足的运动向量，故运动向量域视频隐写算法具有较大的嵌入容量。此外，该类型算法通常与视频压缩编码紧密结合，对运动向量进行调制修改产生的隐写扰动会被吸收进预测残差（residual），在后续的视频编码操作中（变换、量化等）被自动处理。因此，对运动向量进行调制修改只会对视频的视觉质量（visual quality）和编码效率（coding efficiency）产生轻微的影响。基于上述原因，运动向量域视频隐写长期以来吸引着信息隐藏领域研究者的广泛关注，具有较多的研究成果。

3.1 基本嵌入方法及其分析

最早将运动向量用于信息隐藏的尝试可追溯到 Jordan 等[54] 的工作。他们设计了一种视频水印方法，通过直接对视频运动向量进行轻微修改以嵌入水印信息。此后，针对该方法的改进方案被不断被提出，形成了两类最具代表性的运动向量基本嵌入方案：基于运动向量幅值（magnitude）的嵌入方案[55,56] 和基于运动向量相位（phase）的嵌入方案[57]。以下将结合具体算法实例，分别介绍这两种运动向量基本嵌入方案，并描述相应的针对性隐写分析方法[31,58,59]。

3.1.1 基本嵌入方法

3.1.1.1 基于运动向量幅值的嵌入方案

人类视觉系统对运动缓慢区域变化的感知比对运动剧烈区域变化的感知更加敏感。根据人类视觉系统的这一特性，研究者认为，由于幅值较大的运动向量通常对应运动较为剧烈的区域，因此，对这些运动向量进行调制修改，不会造成隐写视频主观视觉质量的显著下降，从而能够较好地保证视觉不可感知性（imperceptibility）。基于此思想，该类嵌入方案[55,56] 优选幅值超过预设阈值的运动向量，通过修改它们的水平或垂直分量以嵌入秘密信息。在 Xu 等[56] 提出的 MPEG-2 视频隐写算法中，他们通过修改帧内编码视频帧（I 帧）的中频量化 DCT 系数的最低有效比特位（least significant bit，LSB）以嵌入算法控制信息，通过调制帧间编码视频帧（P 帧，B 帧）的大幅值运动向量以嵌入实际秘密信息。具体地，给定某个图像组 GOP（group of pictures），采用该算法对此 GOP 进行数据嵌入和提取的相关流程步骤如下。

1. 基于 GOP 的数据嵌入流程

步骤 1：对于该 GOP 中的某个帧间编码视频帧，解码获得相应的运动向量，记为 V_i $(1 \leqslant i \leqslant N_{MV})$，其中 N_{MV} 表示该帧中运动向量的数量。

步骤 2：计算该帧中每个运动向量 V_i 的幅值 $|V_i| = \sqrt{h_i^2 + v_i^2}$，其中 h_i 和 v_i 分别表示 V_i 的水平和垂直分量。

步骤 3：选择该帧中幅值不小于预设阈值 ε 的运动向量组成候选运动向量集合，即

$$C = \{V_j \mid |V_j| \geqslant \varepsilon, j \in [1, N_{MV}]\} \tag{3-1}$$

步骤 4：对于集合 C 中的每个运动向量 V_j，计算其相位角 $\theta = \arctan(v_j / h_j)$。若 θ 为锐角，则将秘密信息比特 m 嵌入 V_j 的水平分量 h_j：当 $2 \cdot h_j \mod 2 = m$ 时，$h'_j = h_j$；当 $2 \cdot h_j \mod 2 \neq m$ 时，$h'_j = h_j + 0.5$，其中 h'_j 表示经过隐写的运动向量 V_j 的水平分量。若 θ 为钝角，则将秘密信息比特 m 嵌入 V_j 的垂直分量 v_j：当 $2 \cdot v_j \mod 2 = m$ 时，$v'_j = v_j$；当 $2 \cdot v_j \mod 2 \neq m$ 时，$v'_j = v_j + 0.5$，其中 v'_j 表示经过隐写的运动向量 V_j 的垂直分量。

步骤 5：重复执行上述步骤 1~4，直到该 GOP 的所有候选运动向量均负载秘密信息。

2. 基于 GOP 的数据提取流程

步骤 1：对于该 GOP 中的某个帧间编码视频帧，解码得到相应的运动向量 V_i $(1 \leqslant i \leqslant N_{MV})$。

步骤 2：计算该帧中每个运动向量 V_i 的幅值 $|V_i| = \sqrt{h_i^2 + v_i^2}$。

步骤 3：对于该帧中每个幅值不小于预设阈值 ε 的运动向量 V_j $(|V_j| \leqslant \varepsilon)$，计算其相位角 θ。若 θ 为锐角，则提取秘密信息比特 $m = 2 \cdot h_j \mod 2$。若 θ 为钝角，则提取秘密信息比特 $m = 2 \cdot v_j \mod 2$。

步骤 4：重复执行上述步骤 1~3，直到该 GOP 中所负载的秘密信息全部提取完毕。

3.1.1.2 基于运动向量相位的嵌入方案

Fang 等[57] 提出了首个通过调制运动向量相位以嵌入秘密信息的隐写算法。在他们的工作中，将幅值位于预设阈值之上的运动向量依次排列并两两配对。对于给定的某对运动向量，若它们的相位角差值和待嵌秘密信息无法满足预设的"相位角差值—秘密信息比特"映射关系（图 3.1），则对其中某个原始运动向量，重新对其相应的帧间编码分块进行运动估计，搜索得到一个新的局部最优运动向量

作为替换，使得经过调整的运动向量相位角差值能够满足嵌入条件。具体地，对于某个帧间编码视频帧，采用该算法对其进行数据嵌入的相关流程步骤如下。

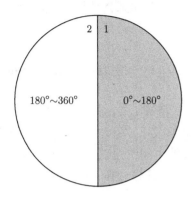

	相位角差值	秘密信息比特
区域 1	0°～180°	0
区域 2	180°～360°	1

(a)

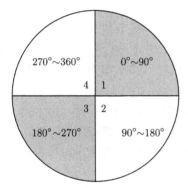

	相位角差值	秘密信息比特
区域 1	0°～90°	0
区域 2	90°～180°	1
区域 3	180°～270°	0
区域 4	270°～360°	1

(b)

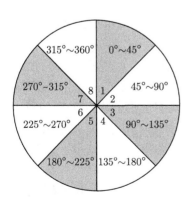

	相位角差值	秘密信息比特
区域 1	0°～45°	0
区域 2	45°～90°	1
区域 3	90°～135°	0
区域 4	135°～180°	1
区域 5	180°～225°	0
区域 6	225°～270°	1
区域 7	270°～315°	0
区域 8	315°～360°	1

(c)

图 3.1 "相位角差值—秘密信息比特"映射关系示意图

步骤 1：对当前视频帧中位于非边缘位置的宏块，解码得到它们的运动向量，并计算相应幅值。

步骤 2：选择幅值不小于预设阈值 T 的运动向量组成候选运动向量集合，即

$$C = \{V_i \mid |V_i| \geqslant T, 0 \leqslant i < n\} \tag{3-2}$$

式中，运动向量 V_i 的幅值 $|V_i| = \sqrt{h_i^2 + v_i^2}$；$h_i$ 和 v_i 分别表示 V_i 的水平和垂直分量。

步骤 3：计算 C 中每个运动向量 V_i 的相位角 $\theta_i = \arctan(v_i / h_i)$。

步骤 4：对于 C 中的每对运动向量 V_{2i} 和 V_{2i+1} $(0 \leqslant i < \lfloor n/2 \rfloor)$，计算它们的相位角差值 $\Delta\theta = |\theta_{2i} - \theta_{2i+1}|$，并根据预设的"相位角差值—秘密信息比特"映射关系（图 3.1(a)）和待嵌秘密信息比特 m，选择执行如下两种操作之一。

（1）若 $m = 0$，则存在如下两种情况。

① 若 $\Delta\theta \in (0°, 180°]$，则 V_{2i} 和 V_{2i+1} 保持不变。

② 若 $\Delta\theta \in (180°, 360°]$，则对 V_{2i} 相应的帧间编码分块进行运动估计，搜索得到一个新的局部最优运动向量 V_{2i}'，满足 $|V_{2i}'| \geqslant T$ 且 $|\theta_{2i}' - \theta_{2i+1}| \in (0°, 180°]$。同理，对 V_{2i+1} 相应的帧间编码分块进行运动估计，搜索得到一个新的局部最优运动向量 V_{2i+1}'，满足 $|V_{2i+1}'| \geqslant T$ 且 $|\theta_{2i} - \theta_{2i+1}'| \in (0°, 180°]$。对于 V_{2i} 指向的预测块 $B_{V_{2i}}$ 和 V_{2i}' 指向的预测块 $B_{V_{2i}'}$，计算它们的均方误差（mean squared error，MSE），记作 $\mathrm{MSE}(B_{V_{2i}}, B_{V_{2i}'})$，类似地，得到 $\mathrm{MSE}(B_{V_{2i+1}}, B_{V_{2i+1}'})$。若 $\mathrm{MSE}(B_{V_{2i}}, B_{V_{2i}'}) < \mathrm{MSE}(B_{V_{2i+1}}, B_{V_{2i+1}'})$，则将 V_{2i} 替换为 V_{2i}' 以作为隐写修改结果；否则将 V_{2i+1} 替换为 V_{2i+1}'。

（2）若 $m = 1$，则存在如下两种情况。

① 若 $\Delta\theta \in (180°, 360°]$，则 V_{2i} 和 V_{2i+1} 保持不变。

② 若 $\Delta\theta \in (0°, 180°]$，则对 V_{2i} 相应的帧间编码分块进行运动估计，搜索得到一个新的局部最优运动向量 V_{2i}'，满足 $|V_{2i}'| \geqslant T$ 且 $|\theta_{2i}' - \theta_{2i+1}| \in (180°, 360°]$。同理，对 V_{2i+1} 相应的帧间编码分块进行运动估计，搜索得到一个新的局部最优运动向量 V_{2i+1}'，满足 $|V_{2i+1}'| \geqslant T$ 且 $|\theta_{2i} - \theta_{2i+1}'| \in (180°, 360°]$。对于 V_{2i} 指向的预测块 $B_{V_{2i}}$ 和 V_{2i}' 指向的预测块 $B_{V_{2i}'}$，计算它们的均方误差 MSE，记作 $\mathrm{MSE}(B_{V_{2i}}, B_{V_{2i}'})$，类似地，得到 $\mathrm{MSE}(B_{V_{2i+1}}, B_{V_{2i+1}'})$。若 $\mathrm{MSE}(B_{V_{2i}}, B_{V_{2i}'}) < \mathrm{MSE}(B_{V_{2i+1}}, B_{V_{2i+1}'})$，则将 V_{2i} 替换成 V_{2i}' 以作为隐写修改结果；否则将 V_{2i+1} 替换成 V_{2i+1}'。

可以看出，上述嵌入方案本质上是通过调制运动向量间的相位角差值以实施隐写嵌入。在此基础上，He 等[60] 对该嵌入方案[57] 实施了进一步改进，他们通过建立"相位角—秘密信息比特"映射关系，并应用汉明编码[10]，从而有效提高了隐写负载率和嵌入效率。

3.1.1.3 其他运动向量基本嵌入方案

基于"修改大幅值的运动向量比修改小幅值的运动向量更有利于保持隐写视频的主观视觉质量"这一假设，上述两类基本嵌入方案本质上都是将运动向量幅值作为筛选策略，选择幅值超过预设阈值的运动向量用于隐写修改。然而，Aly[61]认为，基于幅值的运动向量筛选策略无法确保能够最小化产生的隐写扰动。根据此观点，他提出了一种与帧间编码分块预测误差（prediction error）相关联的运动向量筛选策略。该策略的基本假设是：对具有较大预测误差的帧间编码分块相应的运动向量进行调制修改，通常可产生较小的隐写扰动。根据此策略，他们设计了基于预测误差的运动向量域隐写方案。该方案选择预测误差超过给定阈值的帧间编码分块，通过修改它们相应运动向量的水平和垂直分量的最低有效比特位以实施隐写。

3.1.2 针对基本嵌入方法的隐写分析

3.1.2.1 基于频谱混叠效应特征的隐写分析方法

第一个运动向量域视频隐写分析方法由 Su 等[58,59] 提出。他们将运动向量隐写嵌入建模成在运动向量水平和垂直分量分别添加加性（addictive）不相关噪声信号的过程，并基于频谱混叠效应（aliasing effect）设计了一组 12 维隐写分析特征集。有关该分析方法的详细描述如下。

对于在运动向量域实施的隐写嵌入，可以描述成在运动向量的水平和垂直分量上分别添加加性不相关噪声信号：

$$h'_i = h_i + \eta_i^{\mathrm{h}} \tag{3-3}$$
$$v'_i = v_i + \eta_i^{\mathrm{v}} \tag{3-4}$$

式中，h_i 和 v_i $(i = 1, 2, \cdots, N)$ 分别表示当前视频帧中（光栅扫描顺序下）第 i 个宏块所对应运动向量的水平和垂直分量；η_i^{h} 和 η_i^{v} 分别表示施加于运动向量水平和垂直分量的噪声信号，它们独立同分布且不受运动向量等其他因素的影响；h'_i 和 v'_i 分别表示经过噪声信号扰动的运动向量水平和垂直分量。

一般地，η_i^{h} 和 η_i^{v} 的概率质量函数[①]（probability mass function）可表示为

$$\mathbb{P}(e = 0) = 1 - \frac{p}{2} \tag{3-5}$$
$$\mathbb{P}(e = k) = \frac{p}{2} \tag{3-6}$$

式中，p 表示嵌入概率；k 反映对运动向量分量的修改强度。在运动向量域隐写中，为了降低对运动向量造成的隐写扰动，k 通常取值为 1。

① 本书统一采用符号 $\mathbb{P}$ 表示概率。

时空域相邻运动向量存在较强相关性（correlation），对运动向量进行隐写修改会在一定程度上对它们的相关性造成扰动。

为了有效刻画所造成的隐写扰动，定义差分算子 ∇ 为相邻运动向量的分量差值，以空域相邻运动向量的水平分量为例：

$$\nabla h_i = h_i - h_{i+1} \tag{3-7}$$

对运动向量进行隐写嵌入后，存在：

$$\begin{aligned}
\nabla h_i' &= h_i' - h_{i+1}' \\
&= (h_i + \eta_i^{\mathrm{h}}) - (h_{i+1} + \eta_{i+1}^{\mathrm{h}}) \\
&= (h_i - h_{i+1}) + (\eta_i^{\mathrm{h}} - \eta_{i+1}^{\mathrm{h}}) \\
&= \nabla h_i + \nabla \eta_i^{\mathrm{h}}
\end{aligned} \tag{3-8}$$

这样，就在空域相邻运动向量水平分量差值的概率质量函数中引入了混叠效应，如图 3.2所示。

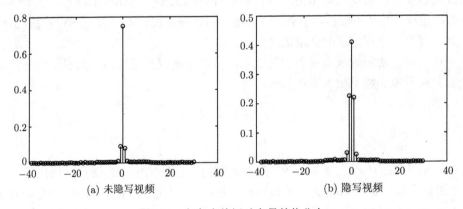

(a) 未隐写视频　　　　　　　　　(b) 隐写视频

图 3.2　相邻宏块运动向量差值分布

在此基础上，定义两个特征量：

$$E_1^{\mathrm{h}} = \left[\mathbb{P}\left(\nabla h = k - 1\right) + \mathbb{P}\left(\nabla h = k + 1\right)\right]/2 - \alpha \mathbb{P}\left(\nabla h = k\right) \tag{3-9}$$

$$E_2^{\mathrm{h}} = \left[\mathbb{P}\left(\nabla h = -k + 1\right) + \mathbb{P}\left(\nabla h = -k - 1\right)\right]/2 - \alpha \mathbb{P}\left(\nabla h = -k\right) \tag{3-10}$$

式中，$\mathbb{P}$ 表示空域相邻运动向量水平分量差值 ∇h 的概率质量函数；自适应参数 α 用于调节检测精度。

第三个特征量取自概率质量函数的 N 元素离散傅立叶变换的质心（center of

mass）：

$$C^{\mathrm{h}} = \frac{\displaystyle\sum_{i=0}^{N/2} i\,|\varPsi[i]|}{\displaystyle\sum_{i=0}^{N/2} |\varPsi[i]|} \tag{3-11}$$

式中，$\varPsi$ 表示对概率质量函数 $\mathbb{P}$ 的函数值进行离散傅里叶变换后所得的频域特征函数（characteristic function）。

如上所述，基于对空域相邻运动向量水平分量的分析，可得三个特征量 E_1^{h}，E_2^{h} 和 C^{h}。同理，基于空域相邻运动向量垂直分量进行计算，可得三个特征量 E_1^{v}，E_2^{v} 和 C^{v}。这六个特征量反映了空域相邻运动向量之间的相关性。相应地，基于时域相邻运动向量水平和垂直分量差值，同样可计算六个特征量，记作 $E_1'^{\mathrm{h}}$，$E_2'^{\mathrm{h}}$，C'^{h}，$E_1'^{\mathrm{v}}$，$E_2'^{\mathrm{v}}$，C'^{v}。最终构成基于频谱混叠效应的 12 维运动向量域隐写分析特征集。

3.1.2.2 基于运动向量回复特性的隐写分析方法

Cao 等[31] 研究发现，对于在运动向量域进行嵌入的隐写视频而言，二次压缩是一种有效的"校准"（calibration）[62] 方式（图 3.3），这是由压缩编码采用的基于块的运动估计和运动补偿技术的特点决定的。通常情况下，直接对码流中的运动向量进行修改，会引入不可预知的视觉失真。因此，为了降低运动向量隐写操作对视频视觉质量造成的负面影响，在对运动向量进行调制时，需要基于新的运动向量进行运动补偿等后续视频编码操作，使得隐写视频帧在视觉质量上接近载体视频帧。通过实验发现，在对（解码后的）MPEG-4[47] 视频进行二次压缩的过程中，宏块的运动估计结果会在统计上趋近于其原始运动估计的结果。这种统计趋近在运动向量域上的表现是，对于经过修改的运动向量，其中有相当一部

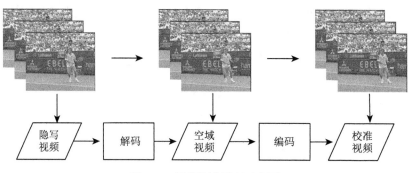

图 3.3 视频校准原理示意图

分在视频二次压缩后，会向它们修改前的原始值靠拢。这种现象被称为运动向量"回复"（reversion）。

基于被修改的运动向量在视频二次压缩后倾向于回复至其原始值这一事实，可以在待测视频的校准（二次压缩）过程中，对运动向量的回复变化趋势进行统计分析，以此作为该视频是否经过运动向量隐写的判断依据。为了对运动向量在校准过程中的变化程度进行量化，定义了一个作用于宏块 C 的差分算子 ∇：

$$\begin{aligned} \nabla C &= (\nabla \mathbf{mv}_C, \nabla e_C) \\ &= (|h_C - h'_C| + |v_C - v'_C|, \ |e_C - e'_C|) \end{aligned} \tag{3-12}$$

式中，(h_C, v_C) 和 (h'_C, v'_C) 分别是校准前后宏块 C 的运动向量；e_C 和 e'_C 代表校准前后 C 的预测误差（prediction error）。

此二元组中的第一个元素 $\nabla \mathbf{mv}_C$ 表示校准前后该宏块对应的运动向量的改变量，称之为运动向量转移距离（shift distance）。第二个元素 ∇e_C 反映校准前后该宏块相应的预测误差的改变量。由于被修改的运动向量在校准后有向其原始值靠拢的趋势，这势必造成 $\nabla \mathbf{mv}_C$ 大于零。此外，由于校准前后运动向量不同，对应于 C 的预测块也不同，这会使得宏块的预测误差产生差异。相比之下，对于未经隐写的视频数据，该二元组中的元素在统计意义下都具有零均值。因此，∇C 中元素的值越大，宏块 C 对应的运动向量经过隐写修改的可能性越大。

在进行隐写分析时，假设拥有若干连续视频帧，将它们包含的所有 n 个帧间编码宏块记作 $\{\boldsymbol{X}_i\}_{i=1}^n$。在此基础上，定义基于运动向量回复特性的隐写分析特征集，简称 MVRB（motion vector reversion-based）。具体地，MVRB 包含三类子特征，描述如下。

第一类子特征：

$$f^1(k) = \frac{|\{\boldsymbol{X}_i | \nabla \mathbf{mv}_{\boldsymbol{X}_i} = k\}|}{n} \tag{3-13}$$
$$(k = 0, 1, \cdots, u)$$

式中，u 代表 $\nabla \mathbf{mv}$ 的最大值；$|\cdot|$ 表示集合中元素的数量。该类子特征计算了具有给定运动向量转移距离的宏块所占的比例。在某种程度上，可以把这些特征值近似看作运动向量进行定量转移的概率。

第二类子特征：

$$f^2(k) = \frac{1}{\alpha} \sum_{\nabla \mathbf{mv}_{\boldsymbol{X}_i} = k} \nabla e_{\boldsymbol{X}_i} \tag{3-14}$$

式中，$\alpha = \sum_{i=1}^n \nabla e_{\boldsymbol{X}_i}$。这类子特征计算了具有相同运动向量转移距离的宏块相应的预测误差改变量之和占所有帧间编码宏块预测误差改变量之和的比例。

第三类子特征：

$$f^3(k) = \frac{1}{\beta} \sum_{\nabla \mathbf{mv}_{\mathbf{X}_i} = k} \left(\sqrt{(h_{\mathbf{X}_i} - h'_{\mathbf{X}_i})^2 + (v_{\mathbf{X}_i} - v'_{\mathbf{X}_i})^2} + 1 \right) \times \nabla e_{\mathbf{X}_i} \tag{3-15}$$

式中，$\beta = \sum_{i=1}^{n} \left(\sqrt{(h_{\mathbf{X}_i} - h'_{\mathbf{X}_i})^2 + (v_{\mathbf{X}_i} - v'_{\mathbf{X}_i})^2} + 1 \right) \times \nabla e_{\mathbf{X}_i}$。第三类子特征在第二类子特征定义的基础上进行了加权计算，引入该权值的目的是将宏块预测误差的改变量与对应转移距离进行统筹考虑，进一步放大隐写操作对特征的影响。

最终的 15 维 MVRB 特征集 $\vec{f} = \{f_0, f_1, \cdots, f_{14}\}$ 由上述三类子特征分别选取五维得到。具体地，$\vec{f}$ 的前五维特征由 f^1 构成：

$$f_k = \begin{cases} f^1(k), & k = 0, 1, 2, 3 \\ \sum_{i=4}^{u} f^1(i), & k = 4 \end{cases} \tag{3-16}$$

同理，对 f^2 和 f^3 进行类似处理，得到 $\vec{f}$ 的其余 10 维特征。

实验结果表明，MVRB 的隐写分析性能优于 Su 等[58,59] 提出的方法，能够有效检测运动向量域基本嵌入方法[54,56,57,61,63-67]。然而，其存在两点主要局限性。首先，在实际应用场景中，隐写分析者难以知晓有关待测视频的所有编码参数。当视频二次压缩的编码参数和原始视频的编码参数存在较大差异时，MVRB 的分析效果将会受到较大影响[68]。其次，H.264 和 H.265 视频在二次压缩后，原先的帧间编码单元（如宏块）可能在编码模式或子块划分等方面发生变化，这将使得校准前后的运动向量在一定概率上不存在对应关系，从而限制了 MVRB 的适用范围。因此，MVRB 不适用于分析存在可变尺寸帧间编码分块的视频。

Wang 等[34] 对 MVRB 做出了两点主要改进，有效增强了原始方法的实用性。首先，在待测视频解码阶段，搜集可直接获得的关键编码参数，如视频尺寸、帧率。其次，在待测视频二次压缩阶段，穷举不同运动估计搜索算法，并将搜索得到的运动向量分别与原始运动向量进行对比匹配，从而推断出编码原始视频时采用的运动估计搜索算法。该方法可在一定程度上缓解 MVRB 因校准视频编码参数和原始视频编码参数不一致而导致分析性能下降[68] 这一局限性。

3.2 优化嵌入方法及其分析

如 3.1.1 节所述，运动向量域基本嵌入方法都是根据预设的筛选策略，选择部分运动向量用于隐写修改。它们的主要局限性在于，所采用的筛选策略（例如，运动向量幅值[55,56]、相位角[57]）和修改方式（例如，将运动向量分量的最低有效比特位替换为秘密信息）都过于简单，无法有效保持运动向量的统计特性，故难以抵抗专用隐写分析方法[31,58,59] 的攻击。

近年来，隐写码[69-73] 的发展有效推动了图像隐写技术[74-78] 的进步，针对视频隐写技术的研究也因此受到了启发。视频隐写领域的研究者借鉴了自适应图像隐写的技术思想，通过采用高效隐写码[69-73] 及合理构造的代价函数，并结合视频编码的技术特性，在此基础上设计优化嵌入方案。这类方案能够根据载体视频中给定嵌入域的特性，将秘密信息自适应地嵌入其中，并尽可能降低隐写操作对视频视觉质量和压缩编码效率的影响，从而显著提高了隐写安全性。

当前，运动向量域优化嵌入方案经历了两个主要发展阶段，本部分将分别介绍隶属这两个发展阶段的相关算法的基本原理，并描述相应的针对性隐写分析方法[36,68]。

3.2.1　第一阶段优化嵌入方法

对于早期运动向量域自适应隐写方案，隐蔽通信双方在通信前必须就筛选策略和弱密钥（如运动向量幅值阈值）达成一致，才能保证接收方在提取秘密信息时能够对嵌入位置进行正确定位。Fridrich 等[79] 指出：采用这种机制的自适应隐写策略有利于攻击者实施针对性隐写分析。这是因为攻击者同样能够知晓自适应隐写策略的相关信息，并尝试对嵌入位置进行定位。

针对上述传统自适应视频隐写的局限性，研究者采用了隐写码，将自适应筛选策略进行隐藏，形成了第一阶段优化嵌入方案。以下详细介绍两种典型的第一阶段优化嵌入方法。

3.2.1.1　基于扰动运动估计的嵌入方案

Cao 等[65] 应用湿纸编码技术，首次提出了运动向量域优化嵌入方法。湿纸编码的主要优点是：一方面，它允许隐写者随意选择嵌入位置，而无需将相关信息与接收方共享；另一方面，接收方只需掌握密钥就可以直接对秘密信息进行提取。该技术的应用使得隐写者可以专注于对载体选择策略的优化设计，从而提高了自适应隐写的安全性。此外，他们发现，视频编码中的运动估计是一个最优值（运动向量）选择输出的过程，可以通过在最优值之外构造一个次优值，并在二者之间进行选择输出，从而达到嵌入秘密信息的目的。该技术被称为扰动（perturbed）运动估计，通过将运动估计与秘密信息嵌入紧密结合，以减小对视频视觉质量的影响，从而提高隐写安全性。

假设当前帧间编码宏块为 C，给定尺度参数 α。称 C 为一个可用帧间编码宏块，当且仅当在对 C 的最佳预测宏块进行搜索的过程中，除了最佳预测宏块 $\hat{R}$，

至少存在一个候选宏块 $\tilde{\boldsymbol{R}}'$ 满足以下两个约束条件:

$$\mathrm{MSE}(\boldsymbol{C}, \tilde{\boldsymbol{R}}') \leqslant (1+\alpha)\mathrm{MSE}(\boldsymbol{C}, \tilde{\boldsymbol{R}}) \tag{3-17}$$

$$P(\mathbf{mv}) \bigoplus P(\mathbf{mv}') = 1 \tag{3-18}$$

式中,运动向量 $\mathbf{mv}$ 和 $\mathbf{mv}'$ 分别表示宏块 $\boldsymbol{C}$ 的指向 $\tilde{\boldsymbol{R}}$ 和 $\tilde{\boldsymbol{R}}'$ 的运动向量;$P(\mathbf{mv}) = P((h, v)) = \mathrm{LSB}(h + v)$,$h$ 和 v 分别代表运动向量的水平和垂直分量。

对于一个可用帧间编码宏块 $\boldsymbol{C}$,在所有满足上述约束条件的候选宏块 $\tilde{\boldsymbol{R}}'$ 中,具有最小 MSE 值的候选宏块被称作 $\boldsymbol{C}$ 的次优预测宏块,并用 $\tilde{\boldsymbol{R}}^s$ 表示。相应地,指向 $\tilde{\boldsymbol{R}}^s$ 的运动向量记为 $\mathbf{mv}^s$。一个典型的可用帧间编码宏块如图 3.4所示。

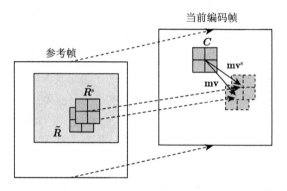

图 3.4　可用帧间编码宏块示意图

在嵌入场景下,给定一个帧间编码视频帧 $\boldsymbol{\mathcal{X}} = \{\boldsymbol{X}_i\}_{i=1}^n$,其中 $\boldsymbol{X}_i$ 表示 $\boldsymbol{\mathcal{X}}$ 中第 i 个帧间编码宏块。假设需要通过该视频帧发送一个长度为 q 比特的消息文件 $\boldsymbol{m} = (m_1, m_2, \cdots, m_q)^{\mathrm{T}}$,且 q 小于 $\boldsymbol{\mathcal{X}}$ 的最大嵌入容量(即 $\boldsymbol{\mathcal{X}}$ 中所有可用帧间编码宏块的数量),此外,发送方与接收方预先商定好用于生成 $q \times n$ 伪随机矩阵 $\boldsymbol{M}$ 的密钥 K,则利用单一视频帧进行消息嵌入的过程如下。

步骤 1:构造隐蔽信道。信道的构建过程主要是确定当前视频帧中的可用帧间编码宏块。给定预设的尺度参数 α,参照上述关于可用帧间编码宏块的定义,选择 $\boldsymbol{\mathcal{X}}$ 中所有 k 个可用帧间编码宏块,并将它们在 $\boldsymbol{\mathcal{X}}$ 中的索引值记作 $\boldsymbol{w} = (w_1, w_2, \cdots, w_k)$。

步骤 2:湿纸编码。首先,发送方基于 $\boldsymbol{\mathcal{X}}$ 中所有帧间编码宏块的运动向量计算 n 比特列向量为

$$\begin{aligned} \boldsymbol{v} &= \{P(\mathbf{mv}_i)\}_{i=1}^n \\ &= \{v_i\}_{i=1}^n \end{aligned} \tag{3-19}$$

其次,用 $\boldsymbol{M}$ 的 $\{w_i^{\mathrm{th}}\}_{i=1}^k$ 列构成一个新的 $q \times k$ 矩阵 $\boldsymbol{M}'$,发送方需要通过对如

下线性方程组进行求解以获得一个 k 比特列向量 $\boldsymbol{u}_1$：

$$M'\boldsymbol{u}_1 = \boldsymbol{m} \bigoplus \boldsymbol{M}\boldsymbol{v} \tag{3-20}$$

最后，用 $\boldsymbol{v}$ 的 $\{w_i^{\text{th}}\}_{i=1}^k$ 个元素构成一个新的 k 比特列向量 $\boldsymbol{u}_2$，并计算 k 比特列向量 $\boldsymbol{u} = \{u_i\}_{i=1}^k$：

$$\boldsymbol{u} = \boldsymbol{u}_1 \bigoplus \boldsymbol{u}_2 \tag{3-21}$$

步骤 3：扰动运动估计。对于 $\{\boldsymbol{X}_i\}_{i=1}^n \in \mathcal{X}$，若 $i = w_j$ 且 $P(\mathbf{mv}_i) \neq u_j$，则输出 $\mathbf{mv}_i^{\text{s}}$ 作为 $\boldsymbol{X}_i$ 的运动向量，反之则类似正常运动估计，将 $\mathbf{mv}_i$ 输出作为 $\boldsymbol{X}_i$ 的运动向量。

步骤 4：后续操作。在对运动估计进行扰动后，视频编码器以正常方式完成后续编码操作，直至输出隐写后的编码视频帧 $\boldsymbol{y}$。

基于该隐写设计框架，隐写设计者可以根据不同性能指标的要求，设计相应的隐蔽信道构建策略，同时不用担心招致有针对性的攻击。

相比上述消息嵌入过程，针对单一视频帧的消息提取过程则较为简单。对于当前视频帧 $\boldsymbol{y}$，接收方首先计算 n 比特列向量 $\boldsymbol{v}' = \{P(\mathbf{mv}_i')\}_{i=1}^n$，其中 $\mathbf{mv}_i'$ 表示 $\boldsymbol{y}$ 中第 i 个帧间编码宏块的运动向量；随后根据事先商定的密钥 K 生成 $q \times n$ 伪随机矩阵 $\boldsymbol{M}$，进而提取所嵌消息 $\boldsymbol{m} = \boldsymbol{M}\boldsymbol{v}'$。

3.2.1.2　基于最小化运动向量统计分布和帧间预测误差扰动的嵌入方案

Yao 等[67] 考虑了运动向量调制修改导致的运动向量统计分布扰动和帧间预测误差扰动，在此基础上设计了首个运动向量域隐写代价函数，并使用校验网格码（syndrome-trellis code，STC）[72] 最小化整体嵌入扰动代价。有关相应代价函数的设计原理，阐述如下。

由 3.1.2.1 节可知，"对运动向量进行调制修改会破坏时空域相邻运动向量之间的相关性"这一假设，可作为运动向量域隐写分析特征的设计依据之一。因此，运动向量隐写代价函数需要考虑嵌入操作对运动向量统计分布造成的影响，尤其是对时空域相邻运动向量之间的相关性造成的扰动。可采用共生矩阵（co-occurrence matrix）对时空域相邻运动向量的相关性进行建模，描述如下。

给定第 t 个帧间编码视频帧，设其包含 $H \times W$ 个帧间编码块，则该帧所有运动向量的水平分量和垂直分量可分别组成维度为 $H \times W$ 的矩阵 $\mathbf{MVX}_t$ 和 $\mathbf{MVY}_t$。基于 $\mathbf{MVX}_t$，定义水平向右方向的差分运算：

$$dx_{i,j,t}^{\rightarrow}(\mathbf{MVX}_t) = \mathbf{mvx}_{i,j,t} - \mathbf{mvx}_{i,j+1,t} \tag{3-22}$$

$$dx_{i,j+1,t}^{\rightarrow}(\mathbf{MVX}_t) = \mathbf{mvx}_{i,j+1,t} - \mathbf{mvx}_{i,j+2,t} \tag{3-23}$$

式中，$i = 1, 2, \cdots, H$；$j = 1, 2, \cdots, W - 2$；$\mathbf{mvx}_{i,j,t}$ 表示当前帧中第 (i,j) 个运动向量的水平分量。在此基础上，计算共生矩阵

$$A_{p,q}^{\rightarrow}(\mathbf{MVX}_t) = \sum_{i=1}^{H} \sum_{j=1}^{W-2} \left[dx_{i,j,t}^{\rightarrow} = p, dx_{i,j+1,t}^{\rightarrow} = q \right] \tag{3-24}$$

式中，函数 $[I]$ 当且仅当逻辑表达式 I 为真时取值为 1。类似地，基于 $\mathbf{MVX}_t$ 定义右上方向、竖直向上方向、左上方向的差分运算，有：

$$dx_{i,j,t}^{\nearrow}(\mathbf{MVX}_t) = \mathbf{mvx}_{i,j,t} - \mathbf{mvx}_{i-1,j+1,t} \tag{3-25}$$

$$dx_{i-1,j+1,t}^{\nearrow}(\mathbf{MVX}_t) = \mathbf{mvx}_{i-1,j+1,t} - \mathbf{mvx}_{i-2,j+2,t} \tag{3-26}$$

$$dx_{i,j,t}^{\uparrow}(\mathbf{MVX}_t) = \mathbf{mvx}_{i,j,t} - \mathbf{mvx}_{i-1,j,t} \tag{3-27}$$

$$dx_{i-1,j,t}^{\uparrow}(\mathbf{MVX}_t) = \mathbf{mvx}_{i-1,j,t} - \mathbf{mvx}_{i-2,j,t} \tag{3-28}$$

$$dx_{i,j,t}^{\nwarrow}(\mathbf{MVX}_t) = \mathbf{mvx}_{i,j,t} - \mathbf{mvx}_{i-1,j-1,t} \tag{3-29}$$

$$dx_{i-1,j-1,t}^{\nwarrow}(\mathbf{MVX}_t) = \mathbf{mvx}_{i-1,j-1,t} - \mathbf{mvx}_{i-2,j-2,t} \tag{3-30}$$

同理，计算相应的共生矩阵 $A_{p,q}^{\nearrow}(\mathbf{MVX}_t)$，$A_{p,q}^{\uparrow}(\mathbf{MVX}_t)$ 和 $A_{p,q}^{\nwarrow}(\mathbf{MVX}_t)$。类似地，对于 $\mathbf{MVY}_t$，定义上述四种方向的差分运算，并计算相应的共生矩阵 $A_{p,q}^{\rightarrow}(\mathbf{MVY}_t)$，$A_{p,q}^{\nearrow}(\mathbf{MVY}_t)$，$A_{p,q}^{\uparrow}(\mathbf{MVY}_t)$ 和 $A_{p,q}^{\nwarrow}(\mathbf{MVY}_t)$。此外，基于 $\mathbf{MVX}_t$，$\mathbf{MVX}_{t-1}$ 和 $\mathbf{MVX}_{t-2}$，定义时域相邻运动向量的差分运算：

$$dx_{i,j,t}^{\bullet}(\mathbf{MVX}_t) = \mathbf{mvx}_{i,j,t} - \mathbf{mvx}_{i,j,t-1} \tag{3-31}$$

$$dx_{i,j,t-1}^{\bullet}(\mathbf{MVX}_{t-1}) = \mathbf{mvx}_{i,j,t-1} - \mathbf{mvx}_{i,j,t-2} \tag{3-32}$$

在此基础上，计算共生矩阵

$$A_{p,q}^{\bullet}(\mathbf{MVX}_t) = \sum_{i=1}^{H} \sum_{j=1}^{W} \left[dx_{i,j,t}^{\bullet} = p, dx_{i,j,t-1}^{\bullet} = q \right] \tag{3-33}$$

同理，基于 $\mathbf{MVY}_t$，$\mathbf{MVY}_{t-1}$ 和 $\mathbf{MVY}_{t-2}$，可定义时域相邻运动向量的差分运算，并计算共生矩阵 $A_{p,q}^{\bullet}(\mathbf{MVY}_t)$。

采用上述用于反映时空域相邻运动向量之间相关性的共生矩阵，可对隐写修改造成的运动向量统计分布扰动进行量化，描述如下。

假设将第 t 个帧间编码视频帧中的第 (i,j) 个运动向量 $\mathbf{mv}_{i,j,t}$ 修改成 $\mathbf{mv}_{i,j,t}'$，且满足：

$$\begin{aligned} \mathbf{mv}_{i,j,t}' \in \mathbf{CMV}_{i,j,t} = \{ &(\mathbf{mvx}_{i,j,t}, \mathbf{mvy}_{i,j,t} - 1), (\mathbf{mvx}_{i,j,t} - 1, \mathbf{mvy}_{i,j,t}), \\ &(\mathbf{mvx}_{i,j,t}, \mathbf{mvy}_{i,j,t} + 1), (\mathbf{mvx}_{i,j,t} + 1, \mathbf{mvy}_{i,j,t}) \} \end{aligned} \tag{3-34}$$

则此修改操作对运动向量统计分布造成的扰动（statistical distribution change，SDC）可被量化为

$$\text{SDC}_{i,j,t} = \sum_{\substack{p,q\in[-128,128] \\ d\in\{\rightarrow,\nearrow,\uparrow,\nwarrow,\bullet\}}} \omega_{p,q} \left| \boldsymbol{A}_{p,q}^{d}\left(\mathbf{MV}_t\right) - \boldsymbol{A}_{p,q}^{d}\left(\mathbf{mv}'_{i,j,t}\mathbf{MV}_{\sim i,j,t}\right) \right|$$

(3-35)

式中，$\omega_{p,q} = 1/\sqrt{p^2 + q^2}$；$\mathbf{MV}_t$ 代表第 t 个帧间编码视频帧的原始运动向量域；$\mathbf{mv}'_{i,j,t}\mathbf{MV}_{\sim i,j,t}$ 表示 $\mathbf{MV}_t$ 中第 (i,j) 个原始运动向量 $\mathbf{mv}_{i,j,t}$ 被修改成 $\mathbf{mv}'_{i,j,t}$。

由 3.1.2.2节可知，"运动向量隐写修改通常会对其相应的帧间预测误差造成扰动"这一假设可作为运动向量域隐写分析特征的设计依据之一。因此，运动向量隐写代价函数需要考虑嵌入操作对运动向量相应帧间预测误差造成的扰动（prediction error change，PEC）。可将其量化为

$$\text{PEC}_{i,j,t} = \left| e_{i,j,t}\left(\mathbf{mv}_{i,j,t}\right) - e_{i,j,t}\left(\mathbf{mv}'_{i,j,t}\right) \right|$$

(3-36)

式中，$e_{i,j,t}\left(\mathbf{mv}_{i,j,t}\right)$ 表示第 t 个帧间编码视频帧中的第 (i,j) 个运动向量对应的帧间预测误差。

综合上述定义的运动向量统计分布扰动（SDC）和运动向量相应帧间预测误差扰动（PEC），可如下构造运动向量隐写代价函数：

$$\rho_{i,j,t}\left(\mathbf{mv}_{i,j,t}, \mathbf{mv}'_{i,j,t}\right) = \begin{cases} \infty, & \mathbf{mv}^{*}_{i,j,t} = \mathbf{0} \\ \text{SDC}_{i,j,t} \times \left(\text{PEC}_{i,j,t} + \alpha\right)^{\beta}, & \text{其他} \end{cases}$$

(3-37)

式中，α 和 β 为预设参数，可根据具体应用场景进行设置和调整。

3.2.2　第二阶段优化嵌入方法

随着运动向量域视频隐写分析技术的发展，运动向量域视频隐写（包括基本嵌入方法和第一阶段优化嵌入方法）在隐写安全性上面临着巨大挑战，无法有效抵抗基于运动向量局部最优（local optimality）检测的隐写分析方法[33,68] 的攻击。针对此局限性，第二阶段运动向量域优化嵌入方案不仅利用了高性能隐写码[71-73] 提高嵌入效率，还在隐写修改过程中尽可能保持被扰动运动向量的局部最优，以此增强隐写安全性。以下将介绍两种典型的第二阶段优化嵌入方法。

3.2.2.1　基于扰动运动估计优化的嵌入方案

在 Wang 等[68] 的工作中，他们建立了基于 SAD 的运动向量局部最优判定准则，设计了名为 AoSO（adding or subtracting one）的 18 维隐写分析特征，针对运动向量域基本嵌入方法和第一阶段优化嵌入方法，达到了良好的检测效果。

根据基于 SAD 的运动向量局部最优判定准则,对于一个从压缩视频中提取的运动向量 V,若其通过以下测试,则被判定为局部最优。首先,计算 V 的"环绕 SAD 矩阵":

$$M_V = \begin{pmatrix} S_{(h-1,v-1)} & S_{(h,v-1)} & S_{(h+1,v-1)} \\ S_{(h-1,v)} & S_{(h,v)} & S_{(h+1,v)} \\ S_{(h-1,v+1)} & S_{(h,v+1)} & S_{(h+1,v+1)} \end{pmatrix} \tag{3-38}$$

式中,h 和 v 分别为 V 的水平和垂直分量;对于 M_V 中的任意元素 $S_{(x,y)}$,它表示 (h,v) 对应的重建块和 (x,y) 指向的预测参考块之间的 SAD。随后,对比 $S_{(h,v)}$ 和 M_V 中的其他元素,若 $S_{(h,v)}$ 最小,则将 V 判定为局部最优运动向量。

然而,视频压缩编码是一个信息减损的过程,这使得运动向量在隐写修改前后,对应的"环绕 SAD 矩阵"具有不确定性,从而为隐写算法的设计和隐写安全性的提高创造了可能。具体分析如下。

在编码器端,给定某帧间编码块 B,对其进行运动估计,得到局部最优运动向量 V 和相应的最佳预测参考块 P_V^{ref}。随后,对 B 进行运动补偿,得到残差块 $D_V = B - P_V^{\text{ref}}$,并对 D_V 进行 DCT 变换和量化等视频编码操作,得到 Q_V。最后,对 V 和 Q_V 进行无损熵编码,并将结果输出至视频压缩码流。在解码器端,从视频压缩码流中提取恢复出 Q_V 和 V,其中,Q_V 经过反量化、逆变换等视频解码操作,生成重建残差块 D_V^{rec},V 被用于确定预测参考块 P_V^{ref},最终得到重建块 $B_V^{\text{rec}} = P_V^{\text{ref}} + D_V^{\text{rec}}$。隐写嵌入时,若在编码器端将 V 修改成 V',则 V' 指向的预测参考块 $P_{V'}^{\text{ref}}$ 将被用于运动补偿,得到残差块 $D_{V'} = B - P_{V'}^{\text{ref}}$。相应地,在解码器端可得重建块 $B_{V'}^{\text{rec}} = P_{V'}^{\text{ref}} + D_{V'}^{\text{rec}}$。由此可知,在隐写分析视角下(解码器端),$V$ 的"环绕 SAD 矩阵" M_V 基于重建块 B_V^{rec} 计算,而 V' 的"环绕 SAD 矩阵" $M_{V'}$ 则通过 $B_{V'}^{\text{rec}}$ 获得。根据上述分析,对于同一个待编码块,采用不同的运动向量进行帧间预测编码,一般会在解码器端生成不同的重建块,从而得到不同的"环绕 SAD 矩阵"。这种由视频压缩编码造成的不确定性,使得被修改的运动向量在隐写分析视角下,有可能被判定为局部最优。

Cao 等[80] 基于视频压缩编码引起的"环绕 SAD 矩阵"的不确定性,探索了经过隐写修改的运动向量被判定为局部最优的可能性,提出了一种基于运动估计扰动优化的自适应视频隐写算法。该算法将校验网格码 STC[72,73] 作为第一层隐蔽信道以实施自适应隐写,并通过湿纸编码 WPC[71] 构建第二层隐蔽信道以提高嵌入容量。此外,该算法还基于合理设计的代价函数,使得能够在隐写嵌入时尽可能只修改那些受到扰动后仍被判定为局部最优的运动向量,从而有效提高了隐写安全性,能够有效抵抗 AoSO 的攻击。以下将详细描述有关该隐写算法的技术细节。

1. 双层隐蔽信道的构建

给定 N 个运动向量 $\boldsymbol{\mathcal{V}} = (\boldsymbol{V}_1, \boldsymbol{V}_2, \cdots, \boldsymbol{V}_N)$ 作为载体，构建双层隐蔽信道以控制运动向量的嵌入修改方式。在第一层隐蔽信道中，通过综合考虑经过修改的运动向量被判定为局部最优的概率和隐写修改对视频编码性能造成的影响，在此基础上设计扰动代价函数，并采用校验网格码 STC 最小化总体嵌入扰动。在第二层隐蔽信道中，应用 WPC 构建湿纸信道，使得在不增加运动向量修改数量的条件下，还能嵌入额外密息，从而有效提高了嵌入效率和嵌入容量。有关双层隐蔽信道的具体构建方式，描述如下。

1）第一层隐蔽信道

第一层隐蔽信道的载体向量为 $\boldsymbol{p} = (p_1, p_2, \cdots, p_N)$，其通过采用奇偶校验函数 $\mathcal{P}_1$ 对运动向量 $\boldsymbol{V}_i$ $(i = 1, 2, \cdots, N)$ 进行映射得到，即

$$
\begin{aligned}
p_i &= \mathcal{P}_1(\boldsymbol{V}_i) \\
&= \mathrm{LSB}(h_i + v_i)
\end{aligned}
\tag{3-39}
$$

式中，h_i 和 v_i 分别为 $\boldsymbol{V}_i$ 的水平和垂直分量；$\mathrm{LSB}(\cdot)$ 表示其参数的最低有效比特位。

给定相对负载率 α，$\boldsymbol{p}$ 被用于嵌入 αN 比特密息 $\boldsymbol{m}_1$。

假设不同运动向量之间的隐写修改相互独立，令标量 γ_i 表示修改 $\boldsymbol{V}_i$ 产生的嵌入扰动代价。在此基础上，校验网格码 STC 被用于最小化总体嵌入扰动代价 $D(\boldsymbol{p}, \boldsymbol{p}') = \sum\limits_{i=1}^{N} \gamma_i \cdot [p_i \neq p_i']^{①}$。基于 STC 的隐写嵌入和消息提取过程可分别表示为

$$
\mathrm{Emb}_{\mathrm{stc}}(\boldsymbol{p}, \boldsymbol{\Gamma}, \boldsymbol{m}_1) = \arg\min_{\boldsymbol{p}' \in \mathcal{C}(\boldsymbol{m}_1)} D(\boldsymbol{p}, \boldsymbol{p}') = \tilde{\boldsymbol{p}}
\tag{3-40}
$$

$$
\mathrm{Ext}_{\mathrm{stc}}(\tilde{\boldsymbol{p}}) = \tilde{\boldsymbol{p}} \boldsymbol{H}_{\mathrm{stc}}^{\mathrm{T}} = \boldsymbol{m}_1
\tag{3-41}
$$

式中，$\boldsymbol{\Gamma}$ 表示由 γ_i 组成的嵌入扰动代价向量；$\mathcal{C}(\boldsymbol{m}_1)$ 代表校验子 $\boldsymbol{m}_1$ 的陪集；$\boldsymbol{H}_{\mathrm{stc}} \in \{0,1\}^{\alpha N \times N}$ 为 STC 的奇偶校验矩阵，其需在密息收发双方之间共享。STC 的详细原理可参考相关文献 [73]。

为了增强抗隐写分析性能，根据运动向量经过修改后被判定为局部最优的可能性，对其嵌入扰动代价进行赋值。若某个运动向量经过扰动修改后被判定为局部最优的概率越高，则其越适用于隐写修改，应赋予越小的嵌入扰动代价。

定义 1（1-距离最优近邻）给定某个帧间编码块的运动向量 $\boldsymbol{V} = (h, v)$，将 $\boldsymbol{V}' = (h', v')$ 称为 $\boldsymbol{V}$ 的"1- 距离最优近邻"，若其满足：

---

① $[I]$ 取值为 1 当且仅当逻辑表达式 I 为真，否则取值为 0。

（1）$\|(h-h')+(v-v')\|=1$。

（2）$S_{\boldsymbol{V}'}$ 为 $\boldsymbol{M}_{\boldsymbol{V}'}$ 中元素的最小值。

假设运动向量 $\boldsymbol{V}$ 具有 k 个 "1-距离最优近邻"（参见定义 1），记作 $\{\boldsymbol{V}^j\}_{j=1}^{k}$，则按照如下方式计算 $\boldsymbol{V}$ 的隐写嵌入扰动代价 γ，即

$$\gamma = \begin{cases} \left(\dfrac{1}{k} \displaystyle\sum_{j=1}^{k} (S_{\boldsymbol{V}^j} - S_{\boldsymbol{V}})^2 \right)^{\frac{1}{2k}}, & k > 0 \\[4mm] S_{\boldsymbol{V}}, & k = 0 \end{cases} \tag{3-42}$$

2）第二层隐蔽信道

第二层隐蔽信道的载体向量为 $\boldsymbol{q}=(q_1,q_2,\cdots,q_N)$，通过采用奇偶校验函数 $\mathcal{P}_2$ 对运动向量 $\boldsymbol{V}_i\,(i=1,2,\cdots,N)$ 进行映射得到，即

$$\begin{aligned} q_i &= \mathcal{P}_2(\boldsymbol{V}_i) \\ &= \mathrm{LSB}(\lfloor (h_i + v_i)/2 \rfloor) \end{aligned} \tag{3-43}$$

若根据第一层隐蔽信道的嵌入结果，$\boldsymbol{p}$ 中所需修改的比特的数量为 r，将它们在 $\boldsymbol{p}$ 中的索引记作 $\boldsymbol{I}=(I_1,I_2,\cdots,I_r)$。此时，通过构建以 $\{q_{I_j}\}_{j=1}^{r}$ 为干点的湿纸信道，能够额外嵌入 r 比特密息，且无须修改多余的运动向量。根据奇偶校验函数(3-39)，若 p_i 需要被修改，则可对相应运动向量 $\boldsymbol{V}_i$ 的任意分量（h_i 或 v_i）加一或减一，加减操作的选择由湿纸信道的隐写嵌入结果决定。基于 WPC 的隐写嵌入和消息提取过程可分别表示为

$$\mathrm{Emb}_{\mathrm{wpc}}(\boldsymbol{q},\boldsymbol{I},\boldsymbol{m}_2) = \tilde{\boldsymbol{q}} \tag{3-44}$$

$$\mathrm{Ext}_{\mathrm{wpc}}(\tilde{\boldsymbol{q}}) = \tilde{\boldsymbol{q}}\boldsymbol{H}_{\mathrm{wpc}}^{\mathrm{T}} = \boldsymbol{m}_2 \tag{3-45}$$

式中，$\boldsymbol{H}_{\mathrm{wpc}}\in\{0,1\}^{r\times N}$ 表示伪随机二进制矩阵，需在密息收发双方之间共享。有关 WPC 的详细原理，可参考相关文献 [71]。

2. 隐蔽通信的实际实施

通常情况下，密息以逐帧方式进行嵌入。不失一般性，对基于单个视频帧的密息嵌入和提取描述如下。

1）密息嵌入

图 3.5展示了单个视频帧上基于双层隐蔽信道的密息嵌入整体流程。首先，对于当前待编码帧中的所有帧间编码块，分别进行运动估计，得到相应的运动

向量 $\boldsymbol{\mathcal{V}} = (\boldsymbol{V}_1, \boldsymbol{V}_2, \cdots, \boldsymbol{V}_N)$，并根据式(3-42) 计算它们的嵌入扰动代价 $\boldsymbol{\Gamma} = (\gamma_1, \gamma_2, \cdots, \gamma_N)$。此后，分别通过奇偶校验函数(3-39) 和(3-43) 映射得到第一层隐蔽信道的载体向量 $\boldsymbol{p} = (p_1, p_2, \cdots, p_N)$ 和第二层隐蔽信道的载体向量 $\boldsymbol{q} = (q_1, q_2, \cdots, q_N)$。

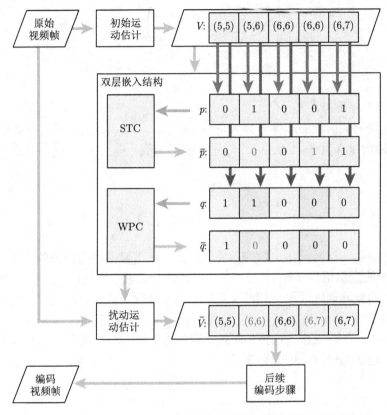

图 3.5　单个视频帧上基于双层隐蔽信道的秘密信息嵌入流程示意图

在第一层隐蔽信道中，通过采用 STC，将 $\boldsymbol{p}$ 修改成隐写向量 $\tilde{\boldsymbol{p}}$ 以嵌入 αN 比特密息 $\boldsymbol{m}_1$，即 $\mathrm{Emb}_{\mathrm{stc}}(\boldsymbol{p}, \boldsymbol{\Gamma}, \boldsymbol{m}_1) = \tilde{\boldsymbol{p}}$。根据第一层隐蔽信道的嵌入结果，记录 $\boldsymbol{p}$ 中所需修改的比特的索引，记作 $\boldsymbol{I} = (I_1, I_2, \cdots, I_r)$。在第二层隐蔽信道中，以 $\{q_{I_j}\}_{j=1}^{r}$ 为干点，通过采用 WPC，将 $\boldsymbol{q}$ 修改成隐写向量 $\tilde{\boldsymbol{q}}$ 以嵌入额外 r 比特密息 $\boldsymbol{m}_2$，即 $\mathrm{Emb}_{\mathrm{wpc}} = (\boldsymbol{q}, \boldsymbol{I}, \boldsymbol{m}_2) = \tilde{\boldsymbol{q}}$。

随后，对于当前待编码帧中的所有帧间编码块，分别进行扰动运动估计。具体地，对于第 i 个帧间编码块，若 $\tilde{p}_i = p_i$，则不修改其对应运动向量 $\boldsymbol{V}_i$，否则将

V_i 替换成 $\tilde{V}_i$，即

$$\tilde{V}_i = \begin{cases} \arg \min\limits_{V' \in \Omega_i \cap \Psi_i} S_{V'}, & \Omega_i \cap \Psi_i \neq \varnothing \\[2mm] \arg \min\limits_{V' \in \Psi_i} S_{V'}, & \Omega_i \cap \Psi_i = \varnothing \end{cases} \tag{3-46}$$

式中，Ω_i 表示 V_i 所有 "1-距离最优近邻" 组成的集合；Ψ_i 表示所有满足 $\mathcal{P}_1(V) = \tilde{p}_i$ 和 $\mathcal{P}_2(V) = \tilde{q}_i$ 的运动向量组成的集合。需要说明的是，当 $\Omega_i \cap \Psi_i = \varnothing$ 时，被修改的运动向量 $\tilde{V}_i$ 被判定为非局部最优，然而在实际中这种情况出现的概率较小，因此总体上隐写安全性不会受到显著影响。

最后，将经过隐写扰动的编码视频帧输出至压缩码流，其中总计嵌入了 $\alpha N + r$ 比特密息。

2）密息提取

密息接收者只需采用解码器从该视频帧中解码得到 N 个运动向量，并重建双层隐蔽信道的隐写向量 $\tilde{p}$ 和 $\tilde{q}$，即可提取出所嵌密息 $m_1 = \tilde{p} H_{\text{stc}}^{\text{T}}$ 和 $m_2 = \tilde{q} H_{\text{wpc}}^{\text{T}}$。

3.2.2.2 基于运动向量局部最优保持的嵌入方案

Wang 等[68] 提出了基于 SAD 的运动向量局部最优判定准则，在此基础上设计了 18 维的 AoSO 隐写分析特征，针对运动向量域基本嵌入方法和第一阶段优化嵌入方法，具有良好的分析效果。然而，视频压缩编码使得运动向量隐写前后对应的 "环绕 SAD 矩阵" 存在不确定性，因此，隐写过程中被修改的运动向量仍有可能被判定为局部最优。

在 Zhang 等[81] 的工作中，他们基于视频压缩编码引起的 "环绕 SAD 矩阵" 的不确定性，提出了一种保持局部最优的运动向量修改方法 MVMPLO（motion vector modification with preserved local optimality），其可确保任意运动向量被修改后仍被判定为局部最优。此外，通过应用 MVMPLO 并结合隐写码 STC，他们还提出了一种基于运动向量局部最优保持的自适应视频隐写算法。该算法在隐写嵌入时，对于所需修改的运动向量，采用 MVMPLO 从相应候选运动向量中，筛选对视频编码性能影响最小并被判定为局部最优的运动向量作为修改结果，从而有效确保了隐写安全性，并最小化总体嵌入扰动。

给定所需修改的原始运动向量 V，保持局部最优的运动向量修改方法 MVMPLO（图 3.6）可将 V 修改成对视频编码性能影响最小并被判定为局部最优的运动向量 $\tilde{V}$，有关实施步骤如算法 1 所述（图 3.7）。

1. 隐蔽信道的构建

给定 N 个运动向量 $\mathcal{V} = (V_1, V_2, \cdots, V_N)$ 作为载体，采用校验网格码 STC 构建隐蔽信道。在隐写嵌入过程中，对于任意需要修改的运动向量，通过 MVMPLO

确保其被修改后仍被判定为局部最优，以此有效提高隐写安全性。有关隐蔽信道的具体构建方式，描述如下。

隐蔽信道的载体向量为 $\boldsymbol{p} = (p_1, p_2, \cdots, p_N)$，通过采用奇偶校验函数 $\mathcal{P}$ 对运动向量 $\boldsymbol{V}_i\,(i = 1, 2, \cdots, N)$ 进行映射得到，即

$$p_i = \mathcal{P}(\boldsymbol{V}_i) = \mathrm{LSB}(h_i + v_i) \tag{3-47}$$

式中，h_i 和 v_i 分别为 $\boldsymbol{V}_i$ 的水平和垂直分量；$\mathrm{LSB}(\cdot)$ 表示参数的最低有效比特位。

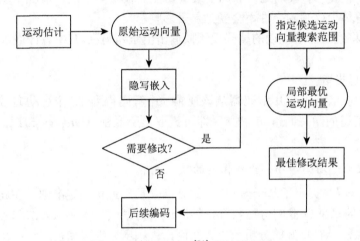

图 3.6　MVMPLO[81] 算法流程图

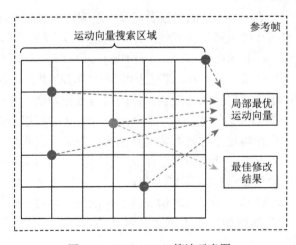

图 3.7　MVMPLO 算法示意图

给定相对负载率 α，$\boldsymbol{p}$ 被用于嵌入 αN 比特密息 $\boldsymbol{m}$。

假设不同运动向量之间的嵌入修改相互独立，令标量 γ_i 表示修改 $\boldsymbol{V}_i$ 产生的嵌入扰动代价，在此基础上，校验网格码 STC 被用于最小化总体嵌入扰动代价 $D(\boldsymbol{p}, \boldsymbol{p}') = \sum_{i=1}^{N} \gamma_i \cdot [p_i \neq p_i']$。基于 STC 的隐写嵌入和消息提取过程可分别表示为

$$\mathrm{Emb}_{\mathrm{stc}}(\boldsymbol{p}, \boldsymbol{\Gamma}, \boldsymbol{m}) = \arg \min_{\boldsymbol{p}' \in \mathcal{C}(\boldsymbol{m})} D(\boldsymbol{p}, \boldsymbol{p}') = \tilde{\boldsymbol{p}} \tag{3-48}$$

$$\mathrm{Ext}_{\mathrm{stc}}(\tilde{\boldsymbol{p}}) = \tilde{\boldsymbol{p}} \boldsymbol{H}_{\mathrm{stc}}^{\mathrm{T}} = \boldsymbol{m} \tag{3-49}$$

式中，$\boldsymbol{\Gamma}$ 表示由 γ_i 组成的嵌入扰动代价向量；$\mathcal{C}(\boldsymbol{m})$ 代表校验子 $\boldsymbol{m}$ 的陪集；$\boldsymbol{H}_{\mathrm{stc}} \in \{0,1\}^{\alpha N \times N}$ 为 STC 的奇偶校验矩阵，其需在密息收发双方之间共享。STC 的详细原理请参考相关文献 [73]。

算法 1：保持局部最优的运动向量修改方法（MVMPLO）

　　输入： $\boldsymbol{V}$
　　输出： $\tilde{\boldsymbol{V}}$

(1) 在当前参考帧中指定一个与 $\boldsymbol{V}$ 相应的候选运动向量搜索区域 $\boldsymbol{S_V}$，其大小可根据实际计算资源进行调整。

(2) 从 $\boldsymbol{S_V}$ 中筛选出所有满足 $\mathcal{P}(\boldsymbol{V}') \neq \mathcal{P}(\boldsymbol{V})$ 的候选运动向量，即 $\mathcal{K} = \{\boldsymbol{V}' \,|\, \boldsymbol{V}' \in \boldsymbol{S_V}, \mathcal{P}(\boldsymbol{V}') \neq \mathcal{P}(\boldsymbol{V})\}$，其中 $\mathcal{P}$ 表示预设的奇偶校验函数。

(3) 对于 $\mathcal{K}$ 中的每个运动向量，分别计算相应的"环绕 SAD 矩阵"以判断其是否为局部最优，从而得到局部最优运动向量组成的集合：$\tilde{\mathcal{K}} = \{\boldsymbol{V}' \,|\, \boldsymbol{V}' \in \mathcal{K}, S_{\boldsymbol{V}'} = \{\boldsymbol{M}_{\boldsymbol{V}'}\}_{\min}\}$，其中 $\{\boldsymbol{M}_{\boldsymbol{V}'}\}_{\min}$ 表示运动向量 $\boldsymbol{V}'$ 所对应"环绕 SAD 矩阵" $\boldsymbol{M}_{\boldsymbol{V}'}$ 中的最小值。

(4) 分别计算 $\tilde{\mathcal{K}}$ 中每个被判定为局部最优的运动向量对应的率失真代价 $\mathcal{J}$，从中选择对视频编码性能影响最小并被判定为局部最优的运动向量 $\tilde{\boldsymbol{V}}$ 作为最终修改结果，即 $\tilde{\boldsymbol{V}} = \arg \min_{\boldsymbol{V}' \in \tilde{\mathcal{K}}} |\mathcal{J}(\boldsymbol{V}') - \mathcal{J}(\boldsymbol{V})|$。

为了提高隐写安全性，在嵌入过程中，对于所需修改的运动向量，采用 MVMPLO 确保其被修改后仍被判定为局部最优，因此，将修改运动向量 $\boldsymbol{V}_i$ 产生的嵌入扰动代价 γ_i 定义为

$$\gamma_i = |\mathcal{J}(\tilde{\boldsymbol{V}}_i) - \mathcal{J}(\boldsymbol{V}_i)| \tag{3-50}$$

式中，$\tilde{\boldsymbol{V}}_i$ 为采用 MVMPLO 对 $\boldsymbol{V}_i$ 进行修改所得的最佳修改结果。

2. 隐蔽通信的实际实施

通常情况下，密息以逐帧方式进行嵌入。不失一般性，对基于单个视频帧的密息嵌入和提取描述如下。

1）密息嵌入

对于当前待编码帧中的所有帧间编码块，分别进行运动估计，得到相应的运动向量 $\mathcal{V} = (\boldsymbol{V}_1, \boldsymbol{V}_2, \cdots, \boldsymbol{V}_N)$，并根据式(3-50)计算它们的嵌入扰动代价 $\boldsymbol{\Gamma} =$

$(\gamma_1, \gamma_2, \cdots, \gamma_N)$。此后，通过奇偶校验函数(3-47)映射得到隐蔽信道的载体向量 $\boldsymbol{p} = (p_1, p_2, \cdots, p_N)$。

采用 STC，将 $\boldsymbol{p}$ 修改成隐写向量 $\tilde{\boldsymbol{p}}$ 以嵌入 αN 比特密息 $\boldsymbol{m}$，即 $\mathrm{Emb}_{\mathrm{stc}}(\boldsymbol{p}, \boldsymbol{\Gamma}, \boldsymbol{m}) = \tilde{\boldsymbol{p}}$。

随后，对于当前待编码帧中的所有帧间编码块，分别进行扰动运动估计。具体地，对于第 i 个帧间编码块，若 $\tilde{p}_i = p_i$，则不修改其对应运动向量 $\boldsymbol{V}_i$，否则采用 MVMPLO 将 $\boldsymbol{V}_i$ 修改成对视频编码性能影响最小并被判定为局部最优的运动向量 $\tilde{\boldsymbol{V}}_i$。

最后，将受到隐写扰动的编码视频帧输出至压缩码流，其中嵌入了 αN 比特密息。

2）密息提取

密息接收者只需采用解码器从该视频帧中解码得到 N 个运动向量，并重建 STC 隐蔽信道的隐写向量 $\tilde{\boldsymbol{p}}$，即可提取出所嵌密息 $\boldsymbol{m} = \tilde{\boldsymbol{p}} \boldsymbol{H}_{\mathrm{stc}}^{\mathrm{T}}$。

3.2.3　针对优化嵌入方法的隐写分析

由于运动估计旨在搜寻全局或局部最优运动向量，故对原始运动向量进行隐写修改将以极大概率破坏其局部最优性质。换句话说，经过隐写修改的运动向量一般不再是局部最优。因此，若能对运动向量的局部最优进行准确检测，则可为其是否经过隐写修改提供可靠证据。基于上述事实，可以通过建立局部最优运动向量判定准则，对运动向量域优化嵌入方法进行隐写分析。以下将介绍两种基于运动向量局部最优检测的隐写分析方法。

3.2.3.1　基于运动向量分量加减一的隐写分析方法

在 Wang 等[68] 的工作中，他们建立了基于 SAD 的运动向量局部最优判定准则，设计了名为 AoSO（adding or subtracting one）的 18 维隐写分析特征，针对运动向量域基本嵌入方法和第一阶段优化嵌入方法，达到了良好的分析检测效果。

给定压缩视频中的运动向量 $\boldsymbol{V} = (x, y)$，确定其相应的候选运动向量集合 $\Omega(\boldsymbol{V}) = \{x - 1, x, x + 1\} \times \{y - 1, y, y + 1\}$。根据基于 SAD 的运动向量局部最优判定准则，$\boldsymbol{V}$ 被判定为局部最优，若其满足：

$$\boldsymbol{V} = \arg \min_{\boldsymbol{m} \in \Omega(\boldsymbol{V})} \{\mathrm{SAD}(\boldsymbol{S}_{\mathrm{rec}}^{\boldsymbol{V}}, \boldsymbol{S}_{\boldsymbol{m}})\} \tag{3-51}$$

式中，$\boldsymbol{S}_{\mathrm{rec}}^{\boldsymbol{V}}$ 表示具有 $\boldsymbol{V}$ 的重建块；$\boldsymbol{S}_{\boldsymbol{m}}$ 表示 $\boldsymbol{m}$ 指向的对应于 $\boldsymbol{S}_{\mathrm{rec}}^{\boldsymbol{V}}$ 的预测参考块。

有关 AoSO 的特征提取步骤（图 3.8）如下。

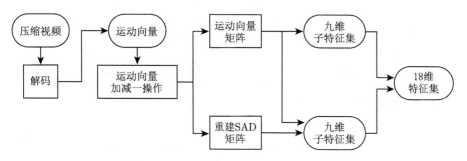

图 3.8 AoSO[68] 的特征提取流程示意图

步骤 1：预处理。将待测视频划分成互不重叠的检测单元，每个检测单元由若干连续视频帧组成。

步骤 2：SAD 计算。对于当前检测单元中的运动向量 $\boldsymbol{V}_i = (x_i, y_i)$ $(i = 1, 2, \cdots, N)$（其中 N 表示当前检测单元包含的运动向量的数量），首先确定其对应的相邻运动向量集合 $\boldsymbol{\Omega}(\boldsymbol{V}_i) = \{x_i - 1, x_i, x_i + 1\} \times \{y_i - 1, y_i, y_i + 1\}$；其次，对于 $\boldsymbol{\Omega}(\boldsymbol{V}_i)$ 中的每个运动向量 $\boldsymbol{m}_i^j$ $(j \in [1, 9])$，分别计算相应的重建 SAD 值，即 $D(\boldsymbol{m}_i^j) = \text{SAD}(\boldsymbol{S}_{\text{rec}}^{\boldsymbol{V}_i}, \boldsymbol{S}_{\boldsymbol{m}_i^j})$；最后，确定集合 $\{D(\boldsymbol{m}) \,|\, \boldsymbol{m} \in \boldsymbol{\Omega}(\boldsymbol{V}_i)\}$ 中的最小值，记作 $D_{\min}(\boldsymbol{\Omega}(\boldsymbol{V}_i))$。

步骤 3：类型 1 子特征 f^1 提取。f^1 的每个特征表示给定 k 时 $D(\boldsymbol{m}_i^k)$ 和 $D_{\min}(\boldsymbol{\Omega}(\boldsymbol{V}_i))$ 相等的概率，定义为

$$
\begin{aligned}
f^1(k) &= \mathbb{P}\left(D(\boldsymbol{m}_i^k) = D_{\min}(\boldsymbol{\Omega}(\boldsymbol{V}_i))\right) \\
&= \frac{\sum\limits_{i=1}^{N} \delta\left(D(\boldsymbol{m}_i^k), D_{\min}(\boldsymbol{\Omega}(\boldsymbol{V}_i))\right)}{N}
\end{aligned}
\tag{3-52}
$$

式中，$k = 1, 2, \cdots, 9$，$\delta(x, y) = \begin{cases} 1, & x = y \\ 0, & x \neq y \end{cases}$。

步骤 4：类型 2 子特征 f^2 提取。f^2 的每个特征反映 $D(\boldsymbol{V}_i)$ 和 $D_{\min}(\boldsymbol{\Omega}(\boldsymbol{V}_i))$ 之间的差异程度，定义为

$$
f^2(k) = \frac{1}{\mathcal{Z}} \sum_{i=1}^{N} \exp\left\{ \frac{|D(\boldsymbol{V}_i) - D(\boldsymbol{m}_i^k)| \cdot \tilde{\delta}\left(D_{\min}(\boldsymbol{\Omega}(\boldsymbol{V}_i)), D(\boldsymbol{m}_i^k)\right)}{D(\boldsymbol{V}_i) + 1} \right\}
\tag{3-53}
$$

式中，$k = 1, 2, \cdots, 9$；$\tilde{\delta}(x, y) = \begin{cases} 1, & x = y \\ -\infty, & x \neq y \end{cases}$；$\mathcal{Z}$ 为归一化因子，满足：

$$\mathcal{Z} = \sum_{k=1}^{9} \sum_{i=1}^{N} \exp \left\{ \frac{|D(\boldsymbol{V}_i) - D(\boldsymbol{m}_i^k)| \cdot \tilde{\delta}\left(D_{\min}\left(\boldsymbol{\Omega}(\boldsymbol{V}_i)\right), D(\boldsymbol{m}_i^k)\right)}{D(\boldsymbol{V}_i) + 1} \right\} \tag{3-54}$$

步骤 5：特征合并。将类型 1 子特征 f^1 和类型 2 子特征 f^2 合并，得到 18 维隐写分析特征集 $\mathcal{F}$，即

$$\mathcal{F}(k) = \begin{cases} f^1(k), & k \in [1, 9] \\ f^2(k-9), & k \in [10, 18] \end{cases} \tag{3-55}$$

步骤 6：后续处理。在当前待测视频中，定位某一尚未提取特征的检测单元，依次执行上述步骤 2 至 5，直至所有检测单元的特征提取完毕。

AoSO 能够有效检测运动向量域基本嵌入方法和第一阶段优化嵌入方法，且具有较广泛的适用范围。然而，基于 SAD 的运动向量局部最优判定准则并不完备，只考虑了失真，忽略了编码运动向量所需的比特数，故无法精确判定压缩视频中的运动向量是否为局部最优。因此，AoSO 无法有效检测保持运动向量局部最优的视频隐写算法[80,81]。

3.2.3.2　基于运动向量率失真性能检测的隐写分析方法

针对 AoSO 的局限性，Zhang 等[36] 通过综合考虑失真和编码运动向量所需的比特数，在率失真意义下检测运动向量的局部最优。在此基础上，他们提出了基于运动向量率失真性能检测的 36 维隐写分析特征集 NPELO（near-perfect estimation for local optimality），针对运动向量域第二阶段优化嵌入方法，可达到较为理想的检测效果。

NPELO 采用拉格朗日代价函数构建运动向量局部最优判定准则。有关该准则的判定流程，简述如下。

给定压缩视频中的运动向量 $\boldsymbol{V} = (x, y)$，确定相应的候选运动向量集合

$$\boldsymbol{\Omega}(\boldsymbol{V}) = \{x + \Delta x \mid \Delta x = 0, \pm 1, \cdots, \pm i_x\} \times \{y + \Delta y \mid \Delta y = 0, \pm 1, \cdots, \pm i_y\} \tag{3-56}$$

式中，i_x 和 i_y 均为正整数。此时，将 $\boldsymbol{V}$ 判定为局部最优，若其满足：

$$\boldsymbol{V} = \arg \min_{\boldsymbol{m} \in \boldsymbol{\Omega}(\boldsymbol{V})} \left\{ J^{\mathcal{D}}_{\text{MOTION}}(\boldsymbol{m}) \right\} \tag{3-57}$$

式中，拉格朗日代价函数计算为

$$J^{\mathcal{D}}_{\text{MOTION}}(\boldsymbol{m}) = \mathcal{D}(\boldsymbol{S}^{\boldsymbol{V}}_{\text{rec}}, \boldsymbol{S}_{\boldsymbol{m}}) + \lambda_{\text{MOTION}} R_{\text{MOTION}}(\boldsymbol{m}) \tag{3-58}$$

式中，$\mathcal{D}$ 为使用的失真度量标准；$\boldsymbol{S}^{\boldsymbol{V}}_{\text{rec}}$ 表示具有运动向量 $\boldsymbol{V}$ 的重建块；$\boldsymbol{S}_{\boldsymbol{m}}$ 代表相应的位于参考帧中的预测块；运动向量 $\boldsymbol{m}$ 为 $\boldsymbol{S}_{\boldsymbol{m}}$ 和 $\boldsymbol{S}^{\boldsymbol{V}}_{\text{rec}}$ 之间的相对位移；λ_{MOTION} 为拉格朗日乘子；$R_{\text{MOTION}}(\boldsymbol{m})$ 表示编码运动向量 $\boldsymbol{m}$ 所需的比特数。

1. 计算失真

在率失真优化运动估计中，通常以 SAD 作为失真度量标准。然而，在 1/4 像素精度运动估计的最后阶段，SATD 能够提供比 SAD 更加精确的失真度量结果。事实上，当前流行的开源视频编码器，已将 SATD 作为率失真优化运动估计亚像素精度搜索阶段中的一种可选失真度量标准。

因此，计算拉格朗日代价函数(3-58)的失真项时，分别将 SAD 和 SATD 作为失真度量标准。

在基于 SAD 的拉格朗日代价函数（用 $J_{\mathrm{MOTION}}^{\mathrm{SAD}}$ 表示）中，将失真项计算为

$$\mathrm{SAD}(\boldsymbol{A}, \boldsymbol{B}) = \sum_{i,j} |\boldsymbol{A}(i,j) - \boldsymbol{B}(i,j)| \tag{3-59}$$

式中，$\boldsymbol{A}(i,j)$ 和 $\boldsymbol{B}(i,j)$ 分别表示分块 $\boldsymbol{A}$ 和 $\boldsymbol{B}$ 中 (i,j) 位置的元素值。

在基于 SATD 的拉格朗日代价函数（用 $J_{\mathrm{MOTION}}^{\mathrm{SATD}}$ 表示）中，将失真项计算为

$$\mathrm{SATD}(\boldsymbol{A}, \boldsymbol{B}) = \sum_{i,j} |\mathbf{HT}_{4\times4}(i,j))| \tag{3-60}$$

式中，$\mathbf{HT}_{4\times4}$ 表示对分块 $\boldsymbol{A}$ 和 $\boldsymbol{B}$ 之间的差进行 4×4 哈达玛（Hadamard）变换所得的结果。

2. 估计拉格朗日乘子

在率失真优化运动估计中，拉格朗日乘子 $\lambda_{\mathrm{MOTION}}$ 用于控制码率和失真之间的平衡。一般地，较小的 $\lambda_{\mathrm{MOTION}}$ 强调最小化失真 D 而允许较高码率；相反，较大的 $\lambda_{\mathrm{MOTION}}$ 倾向于以较高失真为代价从而最小化码率 R_{MOTION}。

已有研究通过充分实验发现并证明，对于采用 MPEG-4 Visual 编码的视频，存在如下关系，即

$$\lambda_{\mathrm{MOTION}} = \sqrt{0.85 \cdot Q_{\mathrm{MPEG\text{-}4\ Visual}}^2} \tag{3-61}$$

式中，$Q_{\mathrm{MPEG\text{-}4\ Visual}}$ 表示 MPEG-4 Visual[47] 视频编码标准中规定的量化参数，取值范围为 1 到 31。此外，研究者对采用 H.264/AVC 编码的视频也进行了类似实验，并得到以下关系，即

$$\lambda_{\mathrm{MOTION}} = \sqrt{0.85 \cdot 2^{(Q_{\mathrm{H.264}}-12)/3}} \tag{3-62}$$

式中，$Q_{\mathrm{H.264}}$ 表示 H.264/AVC[21] 视频编码标准中规定的量化参数，取值范围为 0 到 51。

根据上述 $\lambda_{\mathrm{MOTION}}$ 和量化参数之间的关系（式(3-61)、式(3-62)），当采用拉格朗日代价函数(3-58) 检测 MPEG-4 Visual 或 H.264/AVC 压缩视频中的运动向量是否为局部最优时，可按照如下对拉格朗日乘子 $\lambda_{\mathrm{MOTION}}$ 进行估计。

如图 3.9所示，给定压缩视频中的运动向量 V，若对其进行局部最优检测，则首先根据式(3-56) 获得相应的运动向量集合 $\Omega(V)$。

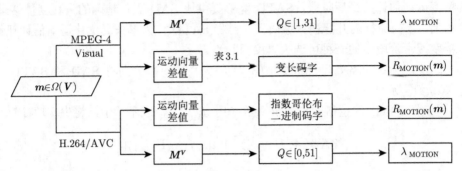

图 3.9　对 MPEG-4 Visual 和 H.264/AVC 视频的 λ_{MOTION} 及 $R_{\text{MOTION}}(\cdot)$ 进行估计的流程示意图

对于 H.264/AVC 视频，首先确定包含运动向量 V 的宏块 M^V，随后从压缩码流中读取（熵解码）M^V 的宏块头语法元素（syntax element）以获得量化参数 Q，进而根据式(3-62) 估计 λ_{MOTION}。

对于 MPEG-4 Visual 视频，除了应当采用式(3-61)估计 λ_{MOTION} 外，其余操作步骤和流程均类似于 H.264/AVC 视频。

获得 λ_{MOTION} 后，可用于计算 $J^{\text{SAD}}_{\text{MOTION}}(m)$ 和 $J^{\text{SATD}}_{\text{MOTION}}(m)$，其中 $m \in \Omega(V)$。

3. 估计运动向量的编码比特数

根据最新的视频编码标准[47-49]，在编码运动向量时，事实上是对其和相应预测运动向量①（predicted motion vector）之间的差值（简称运动向量差值，motion vector difference，MVD）进行熵编码，并将所得结果输出至视频流。

MPEG-4 Visual 视频编码器采用 MPEG-4 Visual 标准中（具体对应该标准中的表 B-12）定义的基于哈夫曼的变长码表[47]（该变长码表部分内容如表 3.1所示）对运动向量差值进行熵编码，从而将每个运动向量编码成一对变长码字。

H.264 视频编码器根据图像参数集②（picture parameter set，PPS）中的标志位 entropy_coding_mode 所指定的熵编码模式（entropy encoding mode），采用指数哥伦布变长编码（Exp-Golomb variable-length coding）[82] 或基于上下文的自适应二进制算术编码（context-based adaptive binary arithmetic coding，CABAC）[53] 对运动向量差值进行熵编码。一般地，CABAC 相比变长编码能够提供更高的压缩编码性能，但其算法流程烦琐,时间复杂度较高。因此,H.264/AVC

---

① 预测运动向量是根据视频编码标准中规定的运动向量预测算法，基于相邻已编码块的运动向量预测得到。

② 一个图像参数集包含可应用于整个视频序列或部分编码视频帧的公共参数。

编码器，如 JM 和 x264，无论图像参数集指定了何种熵编码模式，在率失真优化的运动估计中都仅采用指数哥伦布编码进行运动向量码率估计，以此有效降低视频压缩编码中运动估计的时间复杂度。

表 3.1　MPEG-4 Visual 标准中定义的运动向量差值变长码表

MVD	码字
· · ·	
−1	0011
−0.5	011
0	1
0.5	010
1	0010
1.5	00010
2	0000110
· · ·	

根据上述分析，当采用拉格朗日代价函数(3-58)检测 MPEG-4 Visual 或 H.264/AVC 压缩视频中的运动向量是否为局部最优时，可按照如下对编码运动向量所需比特数 $R_{\mathrm{MOTION}}(\cdot)$ 进行估计。

（1）对于 H.264/AVC 视频。给定运动向量 $\boldsymbol{m} = (x, y)$，首先获得相应的运动向量差值 (Dx, Dy)。随后根据式(3-63)描述的映射规则，分别将 Dx 和 Dy 映射至索引 $\mathrm{codeNum}_{\mathrm{Dx}}$ 和 $\mathrm{codeNum}_{\mathrm{Dy}}$。

$$\mathrm{codeNum}_k = \begin{cases} 2|k|, & k \leqslant 0 \\ 2|k| - 1, & k > 0 \end{cases} \tag{3-63}$$

每个指数哥伦布二进制码字可根据相应索引推导得出，并包含 $(2\lfloor \log_2(\mathrm{codeNum} + 1) \rfloor + 1)$ 比特。因此，编码运动向量 $\boldsymbol{m}$ 所需的比特数可估计为

$$R_{\mathrm{MOTION}}(\boldsymbol{m}) = 2\lfloor \log_2(\mathrm{codeNum}_{\mathrm{Dx}} + 1) \rfloor + 2\lfloor \log_2(\mathrm{codeNum}_{\mathrm{Dy}} + 1) \rfloor + 2 \tag{3-64}$$

有关 H.264 视频编码中指数哥伦布编码的具体应用和方法原理，请参考 H.264 标准[48]。

（2）对于 MPEG-4 Visual 视频。给定运动向量 $\boldsymbol{m} = (x, y)$，首先获得相应的运动向量差值 (Dx,Dy)。根据 MPEG-4 Visual 标准中定义的运动向量差值变长码表[47]，分别将 Dx 和 Dy 转化成二进制码字 $\mathrm{code}_{\mathrm{Dx}}$ 和 $\mathrm{code}_{\mathrm{Dy}}$。因此编码运动向量 $\boldsymbol{m}$ 所需的比特数可估计为

$$R_{\mathrm{MOTION}}(\boldsymbol{m}) = |\mathrm{code}_{\mathrm{Dx}}| + |\mathrm{code}_{\mathrm{Dy}}| \tag{3-65}$$

式中，$|\mathrm{code}_i|$ 代表码字 code_i 的长度。

给定压缩视频中的运动向量 V，若对其进行局部最优检测，则首先根据式(3-56)获得相应的运动向量集合 $\Omega(V)$。随后采用上述方法对 $R_{\mathrm{MOTION}}(m)$ 进行估计，其中 $m \in \Omega(V)$，所得结果可用于计算 $J_{\mathrm{MOTION}}^{\mathrm{SAD}}(m)$ 和 $J_{\mathrm{MOTION}}^{\mathrm{SATD}}(m)$。

有关 NPELO 的特征提取步骤（图 3.10），描述如下。

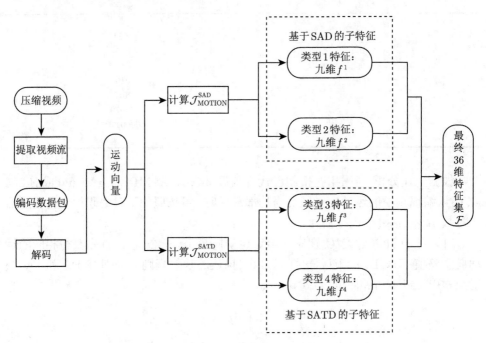

图 3.10　NPELO[36] 的特征提取流程示意图

步骤 1：预处理。将待测视频划分成互不重叠的检测单元，每个检测单元由若干连续视频帧组成。

步骤 2：拉格朗日代价计算。对于当前检测单元中的运动向量 $V_i = (x_i, y_i)$ $(i = 1, 2, \cdots, N)$ （其中 N 表示当前检测单元包含的运动向量的数量）。首先，根据式(3-56)，将 i_x 和 i_y 固定为 1，得到集合 $\Omega(V_i) = \{x_i - 1, x_i, x_i + 1\} \times \{y_i - 1, y_i, y_i + 1\}$；其次，对于集合 $\Omega(V_i)$ 中的每个运动向量 m_i^j $(j \in [1, 9])$，根据式(3-58)，计算 $J_{\mathrm{MOTION}}^{\mathrm{SAD}}(m_i^j)$ 和 $J_{\mathrm{MOTION}}^{\mathrm{SATD}}(m_i^j)$ （图 3.11）；最后，确定集合 $\{J_{\mathrm{MOTION}}^{\mathrm{SAD}}(m) \,|\, m \in \Omega(V_i)\}$ 中元素的最小值，记作 $J_{\min}^{\mathrm{SAD}}(\Omega(V_i))$，同理，得到 $J_{\min}^{\mathrm{SATD}}(\Omega(V_i))$。

步骤 3：类型 1 子特征 f^1 提取。f^1 的每个特征对应给定 k 时 $J_{\mathrm{MOTION}}^{\mathrm{SAD}}(m_i^k)$ 和 $J_{\min}^{\mathrm{SAD}}(\Omega(V_i))$ 相等的概率，定义为

$$f^1(k) = \mathbb{P}(J_{\mathrm{MOTION}}^{\mathrm{SAD}}(\boldsymbol{m}_i^k) = J_{\min}^{\mathrm{SAD}}(\boldsymbol{\Omega}(\boldsymbol{V}_i)))$$

$$= \frac{1}{N} \sum_{i=1}^{N} \delta(J_{\min}^{\mathrm{SAD}}(\boldsymbol{\Omega}(\boldsymbol{V}_i)), J_{\mathrm{MOTION}}^{\mathrm{SAD}}(\boldsymbol{m}_i^k)) \qquad (3\text{-}66)$$

$$(k = 1, 2, \cdots, 9)$$

$\boldsymbol{m}_i^1$ (x_i-1, y_i-1)	$\boldsymbol{m}_i^2$ (x_i, y_i-1)	$\boldsymbol{m}_i^3$ (x_i+1, y_i-1)
$\boldsymbol{m}_i^4$ (x_i-1, y_i)	$\boldsymbol{m}_i^5(\boldsymbol{V}_i)$ (x_i, y_i)	$\boldsymbol{m}_i^6$ (x_i+1, y_i)
$\boldsymbol{m}_i^7$ (x_i-1, y_i+1)	$\boldsymbol{m}_i^8$ (x_i, y_i+1)	$\boldsymbol{m}_i^9$ (x_i+1, y_i+1)

(a)

$J_{\mathrm{MOTION}}^{\mathcal{D}}(\boldsymbol{m}_i^1)$	$J_{\mathrm{MOTION}}^{\mathcal{D}}(\boldsymbol{m}_i^2)$	$J_{\mathrm{MOTION}}^{\mathcal{D}}(\boldsymbol{m}_i^3)$
$J_{\mathrm{MOTION}}^{\mathcal{D}}(\boldsymbol{m}_i^4)$	$J_{\mathrm{MOTION}}^{\mathcal{D}}(\boldsymbol{m}_i^5)$	$J_{\mathrm{MOTION}}^{\mathcal{D}}(\boldsymbol{m}_i^6)$
$J_{\mathrm{MOTION}}^{\mathcal{D}}(\boldsymbol{m}_i^7)$	$J_{\mathrm{MOTION}}^{\mathcal{D}}(\boldsymbol{m}_i^8)$	$J_{\mathrm{MOTION}}^{\mathcal{D}}(\boldsymbol{m}_i^9)$

(b)

图 3.11 运动向量 $\boldsymbol{m}_i^j$ ($j \in [1,9]$) 的相对空间位置及相应的拉格朗日代价

步骤 4: 类型 2 子特征 f^2 提取。f^2 的每个特征与经过指数放大的 $J_{\mathrm{MOTION}}^{\mathrm{SAD}}(\boldsymbol{V}_i)$ 和 $J_{\min}^{\mathrm{SAD}}(\boldsymbol{\Omega}(\boldsymbol{V}_i))$ 之间的相对差异有关，定义为

$$f^2(k) = \frac{1}{\mathcal{Z}} \sum_{i=1}^{N} \exp \left\{ \frac{|J_{\mathrm{MOTION}}^{\mathrm{SAD}}(\boldsymbol{V}_i) - J_{\min}^{\mathrm{SAD}}(\boldsymbol{\Omega}(\boldsymbol{V}_i))|}{J_{\mathrm{MOTION}}^{\mathrm{SAD}}(\boldsymbol{V}_i)} \right\}$$

$$\cdot \delta(J_{\min}^{\mathrm{SAD}}(\boldsymbol{\Omega}(\boldsymbol{V}_i)), J_{\mathrm{MOTION}}^{\mathrm{SAD}}(\boldsymbol{m}_i^k)) \qquad (3\text{-}67)$$

$$\mathcal{Z} = \sum_{k=1}^{9} \sum_{i=1}^{N} \exp \left\{ \frac{|J_{\mathrm{MOTION}}^{\mathrm{SAD}}(\boldsymbol{V}_i) - J_{\min}^{\mathrm{SAD}}(\boldsymbol{\Omega}(\boldsymbol{V}_i))|}{J_{\mathrm{MOTION}}^{\mathrm{SAD}}(\boldsymbol{V}_i)} \right\}$$

$$\cdot \delta(J_{\min}^{\mathrm{SAD}}(\boldsymbol{\Omega}(\boldsymbol{V}_i)), J_{\mathrm{MOTION}}^{\mathrm{SAD}}(\boldsymbol{m}_i^k)) \qquad (3\text{-}68)$$

式中，$k = 1, 2, \cdots, 9$；$\mathcal{Z}$ 代表归一化因子。

步骤 5: 类型 3 子特征 f^3 提取。f^3 的每个特征对应给定 k 时 $J_{\mathrm{MOTION}}^{\mathrm{SATD}}(\boldsymbol{m}_i^k)$

和 $J_{\min}^{\mathrm{SATD}}(\boldsymbol{\Omega}(\boldsymbol{V}_i))$ 相等的概率, 定义为

$$f^3(k) = \mathbb{P}(J_{\mathrm{MOTION}}^{\mathrm{SATD}}(\boldsymbol{m}_i^k) = J_{\min}^{\mathrm{SATD}}(\boldsymbol{\Omega}(\boldsymbol{V}_i)))$$

$$= \frac{1}{N} \sum_{i=1}^{N} \delta(J_{\min}^{\mathrm{SATD}}(\boldsymbol{\Omega}(\boldsymbol{V}_i)), J_{\mathrm{MOTION}}^{\mathrm{SATD}}(\boldsymbol{m}_i^k)) \tag{3-69}$$

$$(k = 1, 2, \cdots, 9)$$

步骤 6: 类型 4 子特征 f^4 提取。f^4 的每个特征与经过指数放大的 $J_{\mathrm{MOTION}}^{\mathrm{SATD}}(\boldsymbol{V}_i)$ 和 $J_{\min}^{\mathrm{SATD}}(\boldsymbol{\Omega}(\boldsymbol{V}_i))$ 之间的相对差异有关, 定义为

$$f^4(k) = \frac{1}{\mathcal{Z}} \sum_{i=1}^{N} \exp \left\{ \frac{|J_{\mathrm{MOTION}}^{\mathrm{SATD}}(\boldsymbol{V}_i) - J_{\min}^{\mathrm{SATD}}(\boldsymbol{\Omega}(\boldsymbol{V}_i))|}{J_{\mathrm{MOTION}}^{\mathrm{SATD}}(\boldsymbol{V}_i)} \right\} \tag{3-70}$$

$$\cdot \delta(J_{\min}^{\mathrm{SATD}}(\boldsymbol{\Omega}(\boldsymbol{V}_i)), J_{\mathrm{MOTION}}^{\mathrm{SATD}}(\boldsymbol{m}_i^k))$$

$$\mathcal{Z} = \sum_{k=1}^{9} \sum_{i=1}^{N} \exp \left\{ \frac{|J_{\mathrm{MOTION}}^{\mathrm{SATD}}(\boldsymbol{V}_i) - J_{\min}^{\mathrm{SATD}}(\boldsymbol{\Omega}(\boldsymbol{V}_i))|}{J_{\mathrm{MOTION}}^{\mathrm{SATD}}(\boldsymbol{V}_i)} \right\} \tag{3-71}$$

$$\cdot \delta(J_{\min}^{\mathrm{SATD}}(\boldsymbol{\Omega}(\boldsymbol{V}_i)), J_{\mathrm{MOTION}}^{\mathrm{SATD}}(\boldsymbol{m}_i^k))$$

式中, $k = 1, 2, \cdots, 9$; $\mathcal{Z}$ 表示归一化因子。

步骤 7: 特征合并。将四种子特征 f^1, f^2, f^3 和 f^4 合并, 得到 36 维隐写分析特征集 $\mathcal{F}$, 即

$$\mathcal{F}(k) = \begin{cases} f^1(k), & k \in [1, 9] \\ f^2(k-9), & k \in [10, 18] \\ f^3(k-18), & k \in [19, 27] \\ f^4(k-27), & k \in [28, 36] \end{cases} \tag{3-72}$$

3.3　本 章 小 结

本章将现有的基于运动向量的视频隐写与隐写分析方法按照基本方法与优化方法两个部分进行了介绍。在基本方法中, 具体介绍了基于运动向量幅值与基于运动向量相位两类最具代表性的嵌入方案以及相应的分析方法。基于运动向量幅值的隐写方案基本思路是通过调制幅值较大的运动向量来实现秘密信息的嵌入以降低隐写嵌入对视频主观质量的影响; 而基于运动向量相位的嵌入方案则通过建立相位角与秘密信息的映射关系来进行嵌入。限于篇幅, 某些成果未进行阐述, 例

如，Fan 等[83] 提出了一种基于 H.264 的 1/4 像素精度运动估计的视频隐写算法，通过分块匹配位置与二进制信息之间的映射规则实现秘密信息的嵌入与提取。针对基本嵌入方法的相应分析方法，首先介绍了基于运动向量统计特性检测的分析方法，即通过探寻并构建对隐写操作敏感的运动向量统计特性模型来设计相应的分析方法。此外还介绍了基于运动向量回复特性的分析方法，该类方法借鉴了图像隐写分析领域的校准思想，通过对待测视频校准前后统计特性检测的差异进行衡量，以实施隐写分类判决。

在优化方法中，分别介绍了基于隐写码的嵌入方案以及基于运动向量局部最优保持的嵌入方案。基于隐写码的嵌入方案采用隐写码降低运动向量的修改数量，以此提高嵌入效率（平均意义上每次嵌入修改操作所能隐写的密息比特数）和隐写安全性（统计不可区分性）。通过将高效隐写码应用到运动向量域，现有的隐写方法可根据视频内容将消息自适应的嵌入到特定的运动向量中，并基于嵌入代价最小化框架提高嵌入效率和隐写安全性。基于运动向量局部最优保持的嵌入方案则是以 MVMPLO 调制方式为代表，在隐写嵌入过程中，尽可能修改受到扰动后仍能以较大概率被判定为局部最优的运动向量。针对上述嵌入方案，介绍了两种基于运动向量局部最优检测的隐写分析方法，即 18 维的 AoSO 与 36 维的 NPELO 隐写分析特征集。前者通过计算并比较重建块和不同预测块之间的 SAD 以进行运动向量局部最优性判定；后者则借助拉格朗日代价函数，建立了更加合理运动向量局部最优判定准则。

在基于各类压缩域的视频隐写以及隐写分析技术的研究中，基于运动向量域的研究较多且较深入。随着视频编解码标准的推陈出新，如何针对更优的视频编解码标准中运动向量域实现视频隐写及隐写分析，希望读者能够不囿于现有方案，提出更高效的隐写以及隐写分析方案。

3.4 思考与实践

（1）基于运动向量幅值与运动向量相位的基本嵌入方案有哪些局限性？

（2）第二阶段优化嵌入方法相比于第一阶段，有哪些改进？

（3）基于运动向量分量加减一的分析方法相比基于运动向量率失真性能检测的分析方法，有哪些缺陷？

（4）基于运动向量率失真性能检测的分析方法不同的子特征是如何进行提取的？

（5）针对目前基于运动向量局部最优检测的隐写分析方法，请尝试提出更安全的嵌入方案。

第 4 章　变换系数域隐写及其分析

视频原始数据经过帧内、帧间预测降低空间和时间冗余后，需采用变换编码，将所得的预测残差从空域转变到频域（即变换系数），并使大部分能量集中在人眼敏感的低频区域。由于变换系数是视频码流中比重较大的一类语法元素，因此，变换系数域视频隐写通常具有较高的嵌入容量。

本章首先回顾变换（transform）系数域隐写的典型嵌入方法，包括基本嵌入方法和优化嵌入方法，然后介绍已有的针对性分析方法。如 2.4.5 节所述，为获得更好的有损压缩效果，H.264/AVC、H.265/HEVC 视频的变换系数往往会进行量化，使信号取值空间有效减小。变换系数域隐写和隐写分析一般指对量化后的变换系数进行隐写和隐写分析。为简化描述，本章中以"离散余弦（或正弦）变换系数"指代"量化离散余弦（或正弦）变换系数"。

4.1　典型嵌入方法

4.1.1　基本嵌入方法

基于变换系数的视频隐写算法通常通过调制离散余弦变换（discrete cosine transform，DCT）系数来实现秘密消息的嵌入。首先，离散余弦变换系数在主流的 H.264/AVC 视频或 H.265/HEVC 视频压缩码流中占比大，在负载能力方面具有较大优势；其次，现有很多先进的压缩图像（如 JPEG 图片）信息隐藏算法都是基于离散余弦变换系数设计的，这对视频信息隐藏算法的设计具有很好的借鉴作用。

根据嵌入机制的不同，基于离散余弦变换系数调制的视频隐写可以分为两大类：基于半解码的离散余弦变换系数调制、基于重编码的离散余弦变换系数调制。

4.1.1.1　基于半解码的离散余弦变换系数嵌入方案

半解码的离散余弦变换系数调制方法原理如图 4.1所示，亦可称之为"基于压缩域的嵌入"（compression domain embedding，CDE）[84]。首先部分解码（熵解码）视频获取离散余弦变换系数，再对所得系数进行调制修改，然后直接将调制后的系数重新熵编码为压缩视频码流。这种设计思路的优点是实现简单，由于避免了压缩编码中开销最大的运动搜索过程，这一类算法对硬件性能要求低，并且能够很好地满足实时性处理要求。

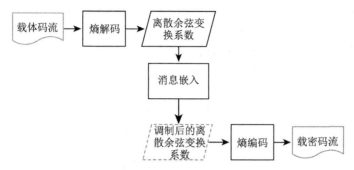

图 4.1 半解码的离散余弦变换系数调制设计框架

一般的嵌入步骤描述如下。

步骤 1：半解码。将压缩视频码流进行熵解码，得到离散余弦变换系数及其余编码信息（预测模式等）。

步骤 2：待嵌密息预处理。对待嵌入的秘密信息进行加密和置乱。

步骤 3：逐块嵌入。针对每一个解码出的离散余弦变换编码块，选取适当的离散余弦变换系数，根据自定义的映射规则，将处理后的消息序列，调制到离散余弦变换系数上。

步骤 4：恢复视频码流。重新进行熵编码，得到载密压缩视频码流。

一般的提取步骤描述如下。

步骤 1：半解码。将压缩视频码流进行熵解码，得到离散余弦变换系数。

步骤 2：逐块提取。针对每一个解码出的离散余弦变换编码块，选取符合嵌入规则的离散余弦变换系数，根据自定义的映射规则，提取消息序列。

步骤 3：解密嵌入消息。对提取消息进行反置乱和解密，得到原始嵌入消息。

例如，Noorkami 等[85,86] 提出了一种低复杂度的水印算法，通过调制离散余弦变换后的直流（DC）系数，标识待修改系数块，然后根据信息比特调制交流（AC）系数的最低有效比特位嵌入信息，解码端完成熵解码即可提取信息。该算法复杂度低、实时性极高。

这类方法最大的问题在于失真漂移（distortion drift），即如果随意地对压缩视频的离散余弦变换系数进行修改，那么在解码时由于系数调制引入的误差会不断累积，从而严重影响后续重建块的视觉质量，甚至造成解码失败。

4.1.1.2 基于重编码的离散余弦变换系数嵌入方案

基于重编码的离散余弦变换系数调制方法原理如图 4.2所示,亦可称之为"与变换编码相结合的嵌入"(joint compression embedding,JCE)[84]。在未经压缩的视频进行压缩编码或压缩视频还原为未经压缩的视频并重新进行压缩编码的过程中实施对离散余弦变换系数的修改。这一类方法虽然需要更多的时间和空间开销,但理论上可以完全避免失真漂移现象的产生。

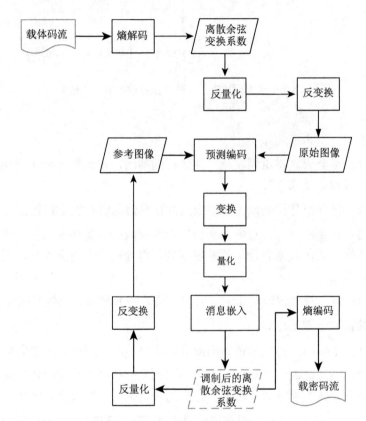

图 4.2 基于重编码的离散余弦变换系数调制设计框架

一般的嵌入步骤描述如下。

步骤 1:全解码。如果待嵌入视频是未经压缩的原始视频,则直接进行后续编码操作;如果待嵌入视频是压缩视频,则先调用解码器将视频完全解码,再将解码后的视频视为原始视频输入系统进行编码。

步骤 2:待嵌密息预处理。对待嵌入的秘密信息进行加密和置乱。

步骤 3:逐块嵌入。针对每一个经过变换和量化的编码块,选取适当的离散余弦变换系数，根据自定义的映射规则，将处理后的消息序列，调制到离散余弦变换系数上。

步骤 4：重编码。继续其余编码步骤，得到载密压缩视频码流。

一般的提取步骤描述如下。

步骤 1：半解码。将压缩视频码流进行熵解码，得到离散余弦变换系数。

步骤 2：逐块提取。针对每一个解码出的离散余弦变换编码块，选取符合嵌入规则的离散余弦变换系数，根据自定义的映射规则，提取消息序列。

步骤 3：解密嵌入消息。对提取消息进行反置乱和解密，得到原始嵌入消息。

例如，张英男等[87]通过对原始载体进行灰色关联度计算[88]筛选适当嵌入块，并通过宏块划分情况决定嵌入量。Shahid 等[89]在隐写的过程中，同时调制量化变换系数的最低有效比特位以及次低有效比特位，实现了增大信息嵌入量的目的。此外，Xie 等[90]将 VP8 视频编码过程中环路滤波前后每个离散余弦变换系数差值的倒数作为嵌入代价，结合 STC 嵌入秘密信息。

这类方法的最大的问题在于代价漂移（cost drift）。与图像调制离散余弦变换系数不同，压缩视频调制的离散余弦变换系数不满足块间相互独立的性质，这导致在嵌入过程中对当前元素的修改会改变后续元素的嵌入代价。

4.1.2 优化嵌入方法

针对基本嵌入方法存在的失真漂移和代价漂移问题，研究者们提出了一些变换系数域的优化嵌入方法，本节将对相关工作进行介绍。

4.1.2.1 基于失真补偿的变换系数隐写

Gong 等[91]提出一种通过调制 DC 系数对失真进行补偿的方案。通过 4×4 块内 16 个系数在调制前后的平均变化量计算 DC 系数的"传播误差"，并对其进行补偿。Huo 等[92]使用类似的思想对 DC 系数和部分 AC 系数进行补偿。

4.1.2.2 基于耦合系数对的变换系数隐写

Ma 等[93]提出了一种通过耦合系数对（每个耦合系数对由两个离散余弦变换系数组成）避免漂移的水印方案。为了控制失真，对帧内预测的参考元素，即 4×4 块最下行及最右列元素的调制误差分别进行归零假设，得到如式 (4-1) 所示的 12 个耦合系数对：

$$
\begin{array}{c}
(\tilde{Y}_{20}, \tilde{Y}_{22}), (\tilde{Y}_{02}, \tilde{Y}_{22}), (\tilde{Y}_{01}, \tilde{Y}_{21}), (\tilde{Y}_{10}, \tilde{Y}_{12}) \\
(\tilde{Y}_{03}, \tilde{Y}_{23}), (\tilde{Y}_{30}, \tilde{Y}_{32}), (\tilde{Y}_{22}, \tilde{Y}_{20}), (\tilde{Y}_{22}, \tilde{Y}_{02}) \\
(\tilde{Y}_{21}, \tilde{Y}_{01}), (\tilde{Y}_{12}, \tilde{Y}_{10}), (\tilde{Y}_{23}, \tilde{Y}_{03}), (\tilde{Y}_{32}, \tilde{Y}_{30})
\end{array}
\tag{4-1}
$$

其中，$\tilde{Y}_{mn}$ 表示 4×4 块内位于第 m 行第 n 列的系数，$m, n = 0, 1, 2, 3$。若调制耦合系数对中的一个系数 c_a，则需对另一个系数 c_b 进行补偿。

嵌入过程如图 4.3所示。

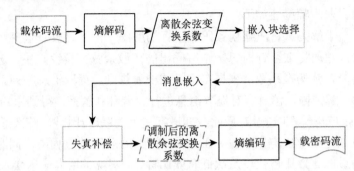

图 4.3　基于耦合系数对的防帧内失真漂移的 H.264 离散余弦变换系数嵌入方案

具体过程包括以下步骤。

步骤 1：对原始 H.264 视频进行熵解码处理得到离散余弦变换系数，选择 DC 直流系数超过自定义阈值的 4×4 亮度块作为待嵌入块。

步骤 2：选定耦合系数对，根据待嵌入信息比特对其中一个系数应用最低有效比特位替换修改。

步骤 3：针对已经发生的修改，对耦合系数对中的另一个系数进行补偿。若先前系数 c_a 加 1，则补偿系数 c_b 减 1，反之若先前系数 c_a 减 1，则补偿系数 c_b 加 1。

提取过程如图 4.4所示。

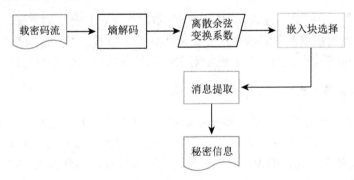

图 4.4　基于耦合系数对的防帧内失真漂移的 H.264 离散余弦变换系数提取方案

具体过程包括以下步骤。

步骤 1：对原始 H.264 视频进行熵解码处理得到离散余弦变换系数，选择 DC 直流系数超过发送方和接收方协定阈值的 4×4 亮度块作为待提取块。

步骤 2： 根据发送方和接收方协定的耦合系数对，待提取块内的耦合系数对中对应系数的最低有效比特位即为各个信息比特。

在该算法的基础上，Liu 等[94,95] 对待嵌入的数据预先进行 BCH 编码，增强了载密视频对量化参数不变的二次编码的鲁棒性。王丽娜等[96] 实现了该算法在 8×8 亮度块的迁移。Chang 等[97] 实现了该算法在 H.265 视频离散余弦变换域、离散正弦变换域的迁移。

特别需要指出，若要根据以上几种方法避免失真漂移问题，一般无法自由选择嵌入位置，无法适用基于 STC 的代价最小化嵌入模型。

4.1.2.3 基于块间去耦合的变换系数隐写

基于块间去耦合的变换系数隐写算法由 Cao 等[84] 提出。如前文所述，失真漂移和代价漂移问题的存在，导致当前在图像隐写算法设计中得到成功应用的嵌入失真代价最小化框架 STC[72] 不能直接应用于视频隐写算法设计。该方案通过"块间去耦合"的嵌入策略对代价漂移现象进行抑制，在某种程度上改善自适应嵌入的效果，下面对相关技术进行详细介绍。

首先对块间耦合现象进行解释。H.264 帧内预测编码时，为每个 4×4 分块提供了九种预测模式，对应不同的预测依赖关系。当前分块在帧内预测过程中，可能且只能受到左上方、上方、右上方和左方的一个或多个相邻分块的影响。例如，在模式 3 下，当前分块的预测编码会受到上方和右上方两个相邻分块的影响，而不会受到左方和左上方两个相邻分块的影响。另一方面，当前编码块可能且只能被其右方、左下方、正下方和右下方的一个或多个相邻编码块所参考。对当前块的修改，会对后续分块的编码过程及其结果产生影响。一般把相邻载体块之间存在的这种相互作用、相互影响的关系称为块间耦合。显然，块间耦合是代价漂移现象的根源所在。本策略将所有不被其右方、左下方、正下方和右下方分块中的任何一个相邻分块参考的 4×4 亮度分量 DCT 系数块称为非参考块（no-referenced block，NRB），对非参考块的修改不会对后续分块的编码造成影响。图 4.5给出了 NRB 的示例。根据标注的预测方向，可以看出图中放大宏块的第一行，第二个 4×4 分块没有被后续相邻块参考，可以被认定为一个 NRB。块间去耦合技术对隐写载体块之间的这种耦合作用进行抑制，分为被动去耦合、主动去耦合两种策略，分别介绍如下。

（1）被动去耦合策略通过对每个块的被参考情况进行分析，选出所有非参考块作为载体块，参与代价最小化的自适应嵌入。被动去耦合策略的最大问题在于负载能力有所欠缺，这是因为在所有 4×4 亮度分量 DCT 系数块中，符合 NRB 要求的系数块占比一般在 5%~10% 之间。为了在一定程度上改善这一情况，该方法提出"主动去耦合"的嵌入策略。相对被动策略，主动策略更加灵活，允许选择不是 NRB 的块内系数进行嵌入。

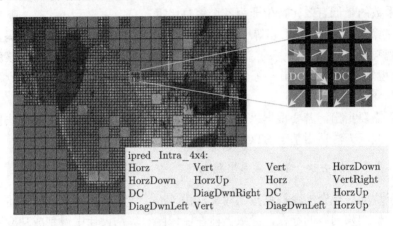

图 4.5   H.264 帧内预测非参考块示例

（2）主动去耦合策略主要是通过分布式嵌入来实现的。图 4.6 显示了一种典型的分布式嵌入模式，其中每个方块代表一个 4×4 系数块，只有颜色最深的块被选择参与嵌入修改。

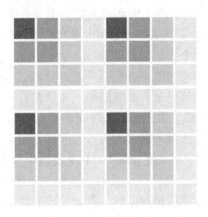

图 4.6   分布式嵌入示意图

Cao 等在文中指出并论证，基于预测的帧内编码在空域表现出一定的自愈性特点。具体来说，如果残差矩阵 $\boldsymbol{R}$ 是正常预测得到的，且其 DCT 系数没有被修改，那么对应的（解码所得）空域像素几乎不受先前相邻编码块的嵌入影响。正是由于自愈性的存在，该方法将嵌入位置进行空间分隔，相邻嵌入位置之间的区域作为缓冲地带对嵌入相互影响进行抑制。

基于提出的块间去耦合策略，隐写者可以根据自身需要设计适用的 DCT 系数嵌入代价，并通过 STC 的嵌入框架实现代价最小化的嵌入，典型步骤描述如下。

步骤 1：预处理。输入待嵌入载体视频 V，如果 V 是未经压缩的原始视频，则将其标记为 V^R，并对其进行标准 H.264 压缩编码（一次压缩），在编码过程中，记录下信道参数。否则调用标准解码器将其完全解码得到 V^R，随后再将解码后的视频作为原始视频进行压缩编码，在压缩编码的过程中，记录下信道参数。预处理过程中的信道参数包括每个块是否为 NRB、各个块中每个 DCT 系数的嵌入代价等。每个 DCT 系数的嵌入代价取决于两个因素：该系数所在块与邻块相关性及该系数的修改（加 1 或减 1）对重构宏块像素数据的影响。其中，该系数所在块与邻块相关性由使用该块作为参考块的邻块数目衡量。

步骤 2：信息隐藏编码。根据设定的"被动去耦合"（包含所有 NRB 块）或"主动去耦合"（包含每个宏块的第一个 4×4 系数块以及所有 NRB 块）策略，根据步骤 1 获得的信道参数选定隐写载体块，根据 STC 隐写码的工作原理，按照通信双方事先约定好的参数生成奇偶校验矩阵 $\boldsymbol{H}$，计算出满足 $\boldsymbol{Hx'} = \boldsymbol{m}$ 的 $\boldsymbol{x'}$，其中 $\boldsymbol{m}$ 表示该隐蔽信道中待嵌入的秘密消息，$\boldsymbol{x'}$ 表示经过修改的载体向量的最低有效比特位向量。

步骤 3：二次压缩嵌入。对 V^R 进行二次压缩（采用 H.264 标准压缩编码），在压缩过程中，根据步骤 2 获得的编码结果 $\boldsymbol{x'}$ 对选定的隐写载体块的非零 DCT 系数应用最低有效比特位替换修改，使得修改后的系数最低有效比特位向量等于 $\boldsymbol{x'}$，同时保持非零。

步骤 4：得到最终的隐写视频文件。

4.2　针对性分析方法

4.2.1　基于 DCTR 的隐写分析方法

在 Wang 等[98] 的工作中，借鉴了图像隐写分析领域 DCTR（DCT residual）特征[99] 的设计思想，通过分析基于 H.264 量化离散余弦变换系数的视频隐写对视频时空相关性造成的扰动，构建了两类隐写分析特征集。首先，根据量化离散余弦变换系数隐写修改将对重建视频空域像素的统计特性造成扰动这一事实，使用基于 DCT 核的卷积操作，并计算视频帧经过卷积后的空域直方图，作为帧内特征；其次，通过运动向量连接相邻视频帧的相似块构造时域分片，结合隐写修改对帧内编码分块造成的嵌入失真，使用基于 DCT 核的卷积操作，计算视频帧的时域直方图，作为帧间特征。将所得的帧内和帧间特征进行融合降维，最终得到名为 VDCTR（video DCTR）的 1440 维隐写分析特征集。其中，计算直方图的方法如下（以空域直方图为例）。

　　首先将压缩域解码到空域, 得到一系列包含 $M \times N$ 像素的视频帧 $\boldsymbol{F}$。通过将 $\boldsymbol{F}$ 与 DCT 核进行卷积计算, 可以得到噪声残差矩阵。

$$U(\boldsymbol{F}, \boldsymbol{G}) = \left\{ \boldsymbol{U}^{(u,v)} \mid 0 \leqslant u, v \leqslant 3 \right\} \tag{4-2}$$

$$\boldsymbol{U}^{(u,v)} = \boldsymbol{F} * \boldsymbol{G}^{(u,v)} \tag{4-3}$$

式中, $\boldsymbol{U}^{(u,v)} \in \mathbb{R}^{(M-3) \times (N-3)}$; 运算符 $*$ 表示卷积操作; DCT 核的构成方式为

$$\boldsymbol{G}^{(u,v)} = \left\{ \boldsymbol{G}_{mn}^{(u,v)} \mid 0 \leqslant m, n \leqslant 3 \right\} \tag{4-4}$$

$$\boldsymbol{G}_{mn}^{(u,v)} = \frac{\omega_u \omega_v}{2} \cdot \cos \frac{(2m+1)\,u\pi}{8} \cdot \cos \frac{(2n+1)\,v\pi}{8} \tag{4-5}$$

式中, $0 \leqslant u \leqslant 3$; $0 \leqslant v \leqslant 3$; $\omega_0 = 1/\sqrt{2}$; 当 $u > 0$ 且 $v > 0$ 时, 则 $\omega_u = 1$, $\omega_v = 1$; 卷积核的各 DCT 基 $\boldsymbol{G}_{mn}^{(u,v)}$ 为 4×4 矩阵, 并且以上卷积操作中的 DCT 核包含 16 个 DCT 基。在完成卷积运算后, 可得到 16 个残差矩阵。紧接着对残差矩阵进行量化操作, 即

$$U(\boldsymbol{F}, \boldsymbol{G}, Q) = Q\left(U(\boldsymbol{F}, \boldsymbol{G})/q\right) \tag{4-6}$$

式中, q 是固定的量化步长; Q 是质心为 $\{0, 1, 2, \cdots, T_r\}$ 的量化器; T_r 是自定义截断阈值。该卷积及量化过程如图 4.7(a) 所示。经过上述两步操作, 可使用所得量化残差矩阵计算统计直方图, 其具体计算方法如下:

$$h_\tau^{(u,v)}(\boldsymbol{F}, \boldsymbol{G}, Q) = \sum_{i=1}^{\lfloor M/4 \rfloor} \sum_{j=0}^{\lfloor N/4 \rfloor} \left[\boldsymbol{U}_{ij}^{(u,v)}(\boldsymbol{F}, \boldsymbol{G}, Q) = \tau \right] \tag{4-7}$$

如图 4.7(b) 所示, 通过上述运算可得到 16 个统计直方图, 且各直方图包含 $T_r + 1$ 个组。根据 DCT 核的对称性可通过合并直方图的特定组减少直方图的组数。如图 4.7(c) 所示, 具有相同标记的 H.264 相位直方图可合并为一个, 通过合并将统计直方图的个数从 16 减至 9。经过上述操作, 可为各视频帧求得维度为 $16 \times 9 \times (T_r + 1) = 144 \times (T_r + 1)$ 的基于 H.264 相位的隐写分析特征。

　　有关 VDCTR 的特征提取步骤 (图 4.8), 描述如下。

　　步骤 1: 预处理。将待测 H.264 视频划分成 K 个 GOP 单元 (其中 K 根据视频和 GOP 单元的长度确定), 每个检测单元由连续视频帧组成, 且第一帧为 I 帧。

　　步骤 2: 特征提取。根据第 k 个 GOP 单元 ($1 \leqslant k \leqslant K$) 帧类型的不同, 执行下述操作。

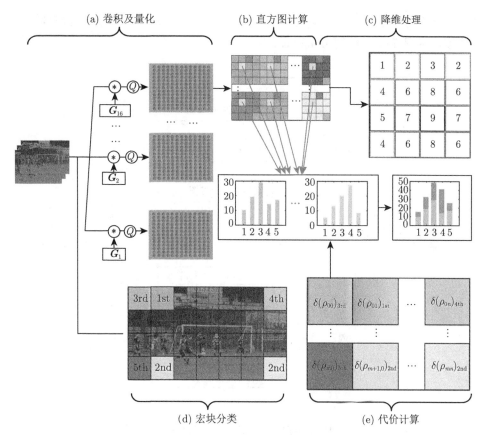

(a) 卷积及量化   (b) 直方图计算   (c) 降维处理

(d) 宏块分类   (e) 代价计算

图 4.7 基于失真度量的 H.264 相位特征提取示意图

（1）解码各 I 帧到空域，从每个空域 I 帧 $\boldsymbol{F}_k$ 提取空域特征集，具体包含以下三个步骤。

① 通过求 $\boldsymbol{F}_k$ 与 DCT 核 $\boldsymbol{G}$ 的卷积计算空域 I 帧的噪声残差 $\boldsymbol{U}(\boldsymbol{F}_k, \boldsymbol{G})$，并且通过量化操作得到其空域 I 帧的量化噪声残差 $\boldsymbol{U}(\boldsymbol{F}_k, \boldsymbol{G}, Q)$。

② 根据抗失真漂移变换系数域隐写 (4.1.2.2 节) 中的帧内 4×4 块类别划分，对当前重建 I 帧中第 (i, j) 个 4×4 块进行分类 (图 4.7(d))，并根据式(4-8)计算各类隐写修改造成的残差失真代价 (图 4.7(e))。

$$\delta(\rho_{ij}) \in \{8q^2, \ 8q^2, \ 8q^2, \ 4q^2, \ 16q^2\} \tag{4-8}$$

③ 根据当前重建 I 帧的量化噪声残差和残差失真代价，通过

$$\sum_{i=1}^{\lfloor M/4 \rfloor} \sum_{j=0}^{\lfloor N/4 \rfloor} \left[\boldsymbol{U}_{ij}^{(u,v)}(\boldsymbol{F}_k, \boldsymbol{G}, Q) = \tau \right] \cdot \delta(\rho_{ij}) \tag{4-9}$$

计算空域直方图 $\dot{h}_\tau^{(u,v)}(\boldsymbol{F}_k, \boldsymbol{G}, Q)$。式中，$0 \leqslant \tau \leqslant 4, 0 \leqslant u, v \leqslant 3$。经过特征融合降维，提取 720 维隐写分析特征。

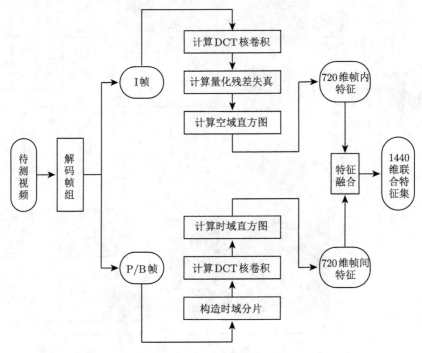

图 4.8   基于量化离散余弦变换参数的隐写分析特征提取流程图

（2）解码各检测单元的 P 帧和 B 帧，在解码过程中构造时域特征集，具体包含以下三个步骤。

① 使用运动向量连接与 $\boldsymbol{F}_k$ 相似的 4×4 块并构造时域分片 $\boldsymbol{P}_k$。

② 计算上述时域分片 $\boldsymbol{P}_k$ 与 DCT 核 $\boldsymbol{G}$ 的卷积，得到时域分片 $\boldsymbol{P}_k$ 的噪声残差 $\boldsymbol{U}(\boldsymbol{P}_k, \boldsymbol{G})$，并将其量化得到量化噪声残差 $\boldsymbol{U}(\boldsymbol{P}_k, \boldsymbol{G}, Q)$。

③ 通过

$$\sum_{i=1}^{T} \sum_{j=0}^{L} \left[\boldsymbol{U}_{ij}^{(u,v)}(\boldsymbol{P}_k, \boldsymbol{G}, Q) = \tau \right] \cdot \delta(\rho_i) \tag{4-10}$$

计算时域直方图 $\ddot{h}_\tau^{(u,v)}(\boldsymbol{P}_k, \boldsymbol{G}, Q)$。式中，$\delta(\rho_i)$ 是 $\boldsymbol{F}_k$ 中 4×4 块的残差失真，与该块在 I 帧的相似块的残差失真相等；时域分片 $\boldsymbol{P}_k$ 由 $T \times L$ 个连接块拼接构成。经过特征融合降维，提取 720 维隐写分析特征。

（3）根据 DCT 核对称原则合并空域直方图 $\dot{h}_\tau^{(u,v)}(\boldsymbol{F}_k, \boldsymbol{G}, Q)$ 和时域直方图

$\ddot{h}_\tau^{(u,v)}(\boldsymbol{P}_k, \boldsymbol{G}, Q)$，得到降维后的帧内特征与帧间特征。合并降维后的 720 维帧内特征和 720 维帧间特征即可得到最终的隐写分析特征集。

步骤 3：依次提取。按照步骤 2 的操作，提取剩余 GOP 单元的隐写分析特征集，直至处理完毕当前待测视频。

4.2.2 基于中心化误差的隐写分析方法

Wang 等[100] 认为，当前防止失真漂移的变换系数域视频隐写算法，虽然能有效阻止失真向相邻亮度分块扩散，却不可避免地在当前亮度分块的中心像素区域累积了更大的误差，从而破坏了分块内相邻重建像素间的相关性。据此，他们构造了可反映相邻像素相关性变化的残差共生矩阵，设计了名为"中心化误差"（centralized error，CER）的 36 维隐写分析特征集，用于检测基于离散余弦变换系数的 H.264 隐写算法。

如图 4.9 所示，在 4×4 亮度帧内预测块的离散余弦变换系数被调制修改后，任意水平、竖直和对角方向的相邻重建像素间的相关性将会受到不同程度的破坏。

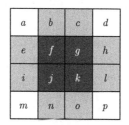

图 4.9　重建像素中心化误差示意图

该分析方法根据式(4-11)~ 式(4-14)定义了四种类型的残差，从多个维度衡量相邻像素间的依赖状态。这四种残差如下所示：

$$r_h = x_{h1} - x_{h2} \tag{4-11}$$

式中，$(x_{h1}, x_{h2}) \in \boldsymbol{U}_h = \{(b, a), (c, d), (n, m), (o, p)\}$。记 u_h^i 为集合 $\boldsymbol{U}_h$ 中的第 i 个元素，$i = 1, 2, 3, 4$。

$$r_v = x_{v1} - x_{v2} \tag{4-12}$$

式中，$(x_{v1}, x_{v2}) \in \boldsymbol{U}_v = \{(e, a), (h, d), (i, m), (l, p)\}$。记 u_v^i 为集合 $\boldsymbol{U}_v$ 中的第 i 个元素，$i = 1, 2, 3, 4$。

$$r_d = x_{d1} - x_{d2} \tag{4-13}$$

式中，$(x_{d1}, x_{d2}) \in \boldsymbol{U}_d = \{(f, a), (g, d), (j, m), (k, p)\}$。记 u_d^i 为集合 $\boldsymbol{U}_d$ 中的第 i 个元素，$i = 1, 2, 3, 4$。

$$r_m = \max\{x_m - x_{m1},\ x_m - x_{m2}\} \tag{4-14}$$

式中，$(x_m,\ x_{m1},\ x_{m2}) \in \boldsymbol{U}_m = \{(f,\ b,\ e),\ (g,\ c,\ h),\ (j,\ n,\ i),\ (k,\ o,\ l)\}$。记 u_m^i 为集合 $\boldsymbol{U}_m$ 中的第 i 个元素，$i = 1,\ 2,\ 3,\ 4$。

对于给定的视频帧组，计算以下四个共生矩阵 $\boldsymbol{C}_h$、$\boldsymbol{C}_v$、$\boldsymbol{C}_d$ 和 $\boldsymbol{C}_m$，将所得结果合并，作为 36 维 CER 特征。

$$\boldsymbol{C}_h(j) = \mathbb{P}(r_h = j \mid (x_{h1},\ x_{h2}) = u_h^i) \tag{4-15}$$

$$\boldsymbol{C}_v(j) = \mathbb{P}(r_v = j \mid (x_{v1},\ x_{v2}) = u_v^i) \tag{4-16}$$

$$\boldsymbol{C}_d(j) = \mathbb{P}(r_d = j \mid (x_{d1},\ x_{d2}) = u_d^i) \tag{4-17}$$

$$\boldsymbol{C}_m(j) = \mathbb{P}(r_m = j \mid (x_m,\ x_{m1},\ x_{m2}) = u_m^i) \tag{4-18}$$

式中，限定截断区间 $j \in [-4, +4]$。

4.3　本章小结

变换编码用于处理视频去除帧内或帧间冗余之后的差值信息，并往往会进一步量化，使得信号取值空间有效减小。许多先进的图像隐写及分析算法都是基于变换系数域设计的，这对该域的视频隐写及隐写分析算法的设计具有很好的借鉴作用。

本章介绍了变换系数域隐写的针对性嵌入方法和典型分析方法。典型的嵌入方法包括半解码调制和重编码调制两大类。前者实现简单、节省资源、嵌入效率高，但是容易引起视觉质量的明显下降，即失真漂移现象。后者时间和空间资源开销都较大，但是由于直接与编码流程融合，理论上不会产生视觉影响。现有的前沿工作大多为研究如何实施避免失真漂移的半解码调制。经典的失真漂移解决方案包括：① 使用耦合系数对进行嵌入补偿；② 利用系数之间的参考关系，在相对分隔位置修改系数，利用视频的自愈性等特点定义代价函数进行自适应嵌入等。现有该域的分析方法较少，包括两种方案：① 借鉴图像隐写分析领域的 DCTR 特征；② 评估亮度分块相邻像素相关性的残差共生矩阵特征。

读者应该能明显感受到，视频变换系数域隐写、隐写分析算法的发展并不均衡。前者成果较多，而后者成果屈指可数。原因在于视频变换系数域数据间的冗余已被帧内和帧间预测充分消除，难以捕捉其关联性。如何进一步探索该域的数据共性，提出更加有效的分析策略，仍是研究者们未来的探索方向。

4.4 思考与实践

（1）为什么半解码离散余弦变换调制比重编码离散余弦变换调制更加节省时间和空间资源的消耗？

（2）为什么半解码离散余弦变换调制会引起"失真漂移"现象？

（3）基于块间去耦合的变换系数隐写如何定义每个位置的嵌入代价？

（4）VDCTR 隐写分析方法与 DCTR 方法相比，有哪些异同？

（5）VDCTR 隐写分析方法如何获得帧内和帧间特征？

第 5 章　帧内预测模式域隐写及其分析

　　如第 2 章所述,当前主流视频编码技术采用的是帧内、帧间预测与变换编码相结合的混合编码方案。其中,帧内预测编码有效降低了视频帧的空间冗余:如果对当前块进行帧内预测编码,则先基于已编码和重构的空域相邻块来形成预测块,再通过编码当前块和其相应预测块之间的残差,从而达到压缩编码的目的。现有帧内预测模式域视频隐写方案,往往基于自定义的映射策略,根据待嵌消息对视频亮度块的帧内预测模式进行依序(指编解码序)调制。由于相关隐写算法原理简单、易于实现,故该域是常见的视频隐写嵌入域之一。

　　本章首先回顾帧内预测模式域隐写的典型嵌入算法,包括基本嵌入算法和优化嵌入算法,然后介绍已有的针对性分析方法。

5.1　典型嵌入方法

5.1.1　基本嵌入方法

　　基于帧内预测模式的视频隐写算法通常通过改变编码单元的帧内预测模式来实现秘密消息的嵌入。现有该类型隐写算法大多数基于 H.264/AVC 视频编码标准或 H.265/HEVC 视频编码标准。

5.1.1.1　基于帧内预测模式分组映射的嵌入方案

　　基于 H.264/AVC 帧内预测模式视频隐写算法的调制对象通常为亮度帧内预测模式。基本档次的 H.264/AVC 亮度帧内预测模式可选基于 4×4 块或基于 16×16 块的预测。由于调制基于 16×16 块的预测模式容易对被调制视频的视觉质量造成较大影响,现有方法大多只修改基于 4×4 块的预测模式。帧内预测模式与信息比特的基本映射方法如图 5.1所示,将 4×4 块的九种亮度帧内预测模式分成两组(如,M 组和 N 组),一组(M 组)映射信息比特“0”,另一组(N 组)映射信息比特“1”。若当前块帧内预测模式所映射的信息比特与待嵌入的信息比特不同,则根据一定策略,将当前块的帧内预测模式调制为待嵌入信息比特对应分组中的某一帧内预测模式。通常,该类隐写算法信息的提取过程只需对视频流中的帧内预测模式进行解码。该类算法可以保持良好的视觉质量,并且对视频流比特率的影响很小。

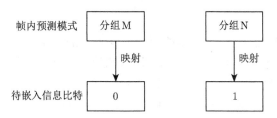

图 5.1   帧内预测模式与待嵌入信息比特间的映射

不同的 H.264/AVC 帧内预测模式视频隐写基本嵌入算法有不同的候选块策略和映射分组策略。例如，胡洋等[101,102] 提出的信息隐藏算法，嵌入流程如图 5.2所示。

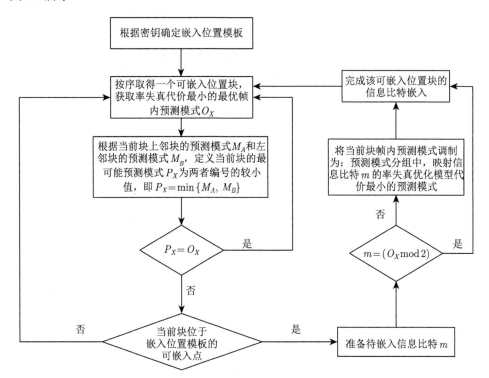

图 5.2   胡洋等[101,102] 所提信息隐藏方法的嵌入流程图

值得注意的是，为了减轻调制对视频视觉质量及编码效率的影响，该嵌入方法在划分帧内预测模式与信息比特分组时，通过统计分析，尽量将最优预测模式（即待调整块的实际预测模式，率失真优化模型所得最小代价对应模式）、次优模式（率失真优化模型所得次小代价对应模式）分别分在对应不同信息比特的分组中。同时，根据 H.264 视频的编码特性，该方法定义了两个待嵌入块的筛选条件，

说明如下。

条件 1：设待处理 4×4 块原始使用的帧内预测模式（即率失真优化模型所得最小代价对应模式）为 O_X。若当前块原始使用的帧内预测模式 O_X 与当前块最可能预测模式 MPM_X（计算方法见 2.4.2 节）相同，定义标志 $F_X = 1$；否则 $F_X = 0$。由于嵌入方法设计者经过统计发现，F_X 的分布与图像的纹理有一定相关性：在图像纹理区，F_X 大多为 0；在图像平滑区，F_X 大多为 1，因此，为了降低帧内预测模式调制对视频视觉质量的影响，该方法只选取 $F_X = 0$ 的块进行消息嵌入。该筛选条件减少了对图像平滑区域的修改，降低了消息的嵌入对视频视觉质量的影响。

条件 2：根据实际要求，选择合适的嵌入位置模板。嵌入位置模板用于控制视频的最大嵌入密度。宏块尺寸的典型嵌入位置模板如图 5.3所示，图中分别示意了嵌入密度为 1/8（图 5.3(a)、(b)）、1/4（图 5.3(c)∼(f)）、1/2（图 5.3(g)∼(i)）、3/4（图 5.3(j)∼(l)）的嵌入位置模板。每个模板包含宏块中的 16 个 4×4 分块，阴影表示相应位置分块的帧内预测模式可用于嵌入修改，空白表示相应位置分块的帧内预测模式不可用于嵌入修改。

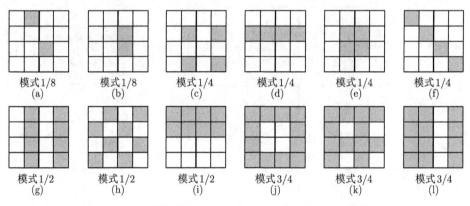

图 5.3　胡洋等[101, 102] 所提信息隐藏方法的典型嵌入位置模板

嵌入时，首先确定嵌入位置模板，接着根据上述两个筛选条件选取待嵌入块，进而嵌入消息比特。当待嵌入消息比特与原始预测模式映射比特相同时不进行操作，否则在待嵌入消息比特对应的预测模式分组中，选取率失真代价最小的预测模式，调制当前块的帧内预测模式为该预测模式。

相应的提取流程如图 5.4所示。提取操作简单快速，只需根据嵌入时的块筛选条件，解码视频中这些嵌入消息的块的帧内预测模式即可实现消息提取，无须完全解码。

除此之外，Zhu 等[103] 在进行预测模式与消息比特的映射分组时，最小化改变预测模式产生的率失真优化模型代价变化。徐达文与王让定[104,105] 通过一个置乱序列来选取候选块提升算法的安全性能，并认为选择上方、左方参考像素亮度值方差较小的帧内块为载体，可有效降低预测模式调制对视频视觉质量的影响。如果当前预测模式（即最优预测模式）编号的最低有效比特位与待嵌入比特不同，将其更改为与当前预测模式编号（详见 2.4.2 节）奇偶性不同的模式中，率失真代价最小的预测模式。Yang 等[106] 提出使用矩阵编码对映射效率进行改进，有效降低了所需修改的帧内预测模式的数量。Bouchama[107] 通过减少次优模式搜索，提出了一种与前述几种方法相似的实时嵌入方法。

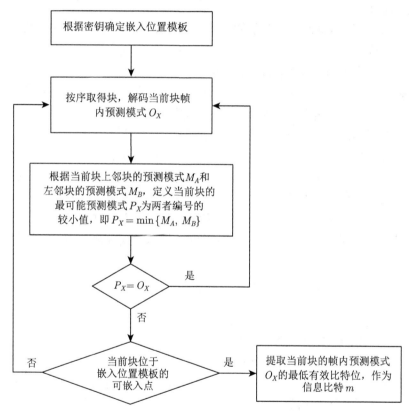

图 5.4　胡洋等[101,102] 所提信息隐藏方法的提取流程图

　　基于 H.265/HEVC 帧内预测模式的基本嵌入算法与基于 H.264/AVC 的算法类似，通过修改满足嵌入条件的帧内 4×4 亮度块的预测模式嵌入秘密信息。例如，王家骥等[108] 首先根据视频最优帧内预测模式和次优帧内预测模式的概率统计分布，建立帧内预测模式和密息的映射关系，然后根据映射关系，修改待嵌入块的帧内预测模式来嵌入密息。实验表明，该算法提取密息的过程简单快速，并且

在保证视频视觉质量的同时提高了嵌入容量。随后，他们又提出[109]，采用 Ojala 等[110] 提出的描述灰度纹理特征的局部二值模式（local binary pattern，LBP）对帧内亮度块进行筛选。局部二值模式比较区域中心像素和邻域像素的大小，使用得到的二进制码来反映局部纹理特征。该方法选取局部纹理复杂度高的区域的亮度块嵌入消息。同时，为了减少帧内失真漂移现象，该方法利用率失真模型评估嵌入的合理性。具体包括以下步骤。

步骤 1：当对两行两列的四个连续的 4×4 块 B_i $(i = 0, 1, 2, 3)$ 的帧内预测模式调制后，分别计算对应的率失真代价 J_i $(i = 0, 1, 2, 3)$，求和得到四个 4×4 块的代价总和 R_1。

步骤 2：计算将这两行两列的四个连续的 4×4 块视为一个 8×8 块时，对应的率失真代价 R_2。

步骤 3：比较 R_1 和 R_2 的相对大小。

步骤 4：如果 $R_1 > R_2$，说明基于 4×4 块的率失真代价大于基于 8×8 块的率失真代价，即编码器在正常编码时，将倾向于选取基于 8×8 块的预测模式。因此，回退调制操作，在其他 4×4 块重新嵌入信息。

步骤 5：如果 $R_1 \leqslant R_2$，说明基于 4×4 块的率失真代价小于基于 8×8 块的率失真代价，即，编码器在正常编码时，仍旧倾向于选取基于 4×4 块的预测模式。因此，保留调制结果。

他们在后续的工作[111] 中，通过矩阵编码对这一方法进行了改进，降低嵌入率一定时帧内预测模式的修改率，减少了嵌入信息对视频视觉质量及编码效率的影响。

5.1.1.2　其他基于帧内预测模式的嵌入方案

此外，还有一些不太常规的调制 H.264/AVC 帧内预测模式的基本嵌入方法。Liu 等[112] 提出的水印方法将帧内预测模式块的大小分为两组，采用 4×4 大小预测的分块或采用 16×16 大小预测的分块映射信息比特"0"，采用 8×8 大小预测的分块映射信息比特"1"。通过编码时强制指定预测模式块的大小来嵌入信息。Kapotas 等[113] 将信息嵌入在 IPCM 模式的数据中（IPCM 为一种特殊的、直接传输视频帧图像像素值的 H.264 编码模式，详见 2.4.2 节中相关介绍），实现了 H.264 流的实时数据嵌入方法。

5.1.2　优化嵌入方法

在视频进行亮度帧内预测时，编码器往往选择率失真优化（RDO）模型（详见 2.4.2 节）代价最小的预测模式。这意味着，任何人为的调制都会破坏其最优性。更糟糕的是，由于块与块间帧内视频预测的结果是相互依赖的，任何一个修改都可能会引起无法预估的连锁影响。因此，研究者提出了一些基于帧内预测模式的优化嵌入方法，本节将对这些有效的尝试进行介绍。

5.1.2.1 基于吉布斯构造的帧内预测模式自适应信息隐藏方法

帧内失真漂移是指修改某一帧内预测块的预测模式导致后续解码出现的失真现象，这种现象对视频视觉质量有很大影响。现有大多数基于帧内预测模式的隐写方案都会产生帧内失真漂移现象。H.264 对每个帧内预测（子）块编码一个预测标志位（prev_intra4 × 4_pred_mode_flag），当预测标志位为 1 时，当前块的帧内预测模式为直接取决于上临块、左临块帧内预测模式的帧内最可能预测模式。如图 5.5 所示，从帧内预测帧中选取由 8 × 8 个相邻的 4 × 4 块组成的局部区域，当深色背景方块的帧内预测模式受到隐写修改时，带虚线边框的浅色背景方块的帧内预测模式也会受到影响，从而产生失真漂移。每个块上标记的数字为帧内预测模式索引值。

图 5.5 帧内失真漂移示意图

为了解决上述问题，Wang 等[114] 提出了基于 H.264 帧内预测模式吉布斯（Gibbs）构造式的网格交错自适应嵌入算法。该算法基于一种假设（此假设推演自吉布斯构造[115]）：对载体（即亮度块的帧内预测模式）进行多次网格交错的吉布斯采样式调制后，相邻块的帧内预测模式的"分布"将趋于稳定。且根据此"分布"计算的嵌入代价将更加有效地捕获调制帧内预测模式时，块间的相互作用关系的变化。该算法信息嵌入过程具体描述如下。

步骤 1：输入待嵌入视频，如果待嵌入视频是未经压缩的原始视频，则直接进行编码；如果待嵌入视频是压缩视频，则先采用 H.264 解码器将视频完全解码，再将解码后的视频作为原始视频数据流输入系统进行编码。将编码时获取的帧内预测模式索引作为嵌入载体。

步骤 2：如前面所述，在 H.264 采用的帧内预测编码技术中，当前编码块的帧内预测模式有一定概率会用作后续块（下临块和右临块）的参考。因此，如图 5.6所示，将载体信道划分为两个编码信道 p^1（实心圆形）和 p^2（空心方形）。同时将待嵌入消息进行划分，在后续操作中分别嵌入两个编码信道中。

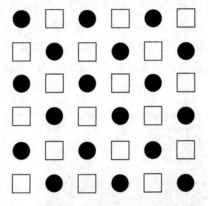

图 5.6   基于吉布斯构造式网格分组示意图

步骤 3：将编码块调制前后率失真代价的差异作为编码信道内编码块的直接代价，将调制对相邻预测块的编码效率（所需比特数）的影响作为间接代价。以自定义权重加和直接代价与间接代价构造嵌入代价。对相邻预测块的编码效率的影响由相邻预测块是否被标记为最可能预测模式（详见 2.4.2 节）衡量。当相邻预测块被标记为使用最可能预测模式时，调制当前块的帧内预测模式将导致需要额外编码比特，从而影响编码效率，因此定义此时嵌入代价较大。

步骤 4：根据步骤 3 所定义的嵌入代价，选取编码信道 p^1 中的所有帧内预测模式索引值作为隐蔽信道的载体，使用双层 STC 进行一轮嵌入，嵌入过程中 p^2 信道保持不变；随后保持修改后的 p^1 信道不变，将编码信道 p^2 中的所有帧内预测模式索引值作为隐蔽信道的载体，使用双层 STC 进行一轮嵌入。

步骤 5：循环执行步骤 3、4，直至步骤 3 所计算的嵌入代价趋于稳定。按照稳定后的嵌入代价对原始视频重新执行步骤 4，完成密息嵌入。

5.1.2.2   基于 HEVC 帧内预测模式扰动的自适应隐写

Wang 等[116] 提出了一种保持视频编码率失真性能的基于帧内预测模式的 H.265 视频隐写算法。该算法在嵌入时采用了双层 STC，嵌入代价函数与上一算法"基于吉布斯构造的帧内预测模式自适应信息隐藏方法"基本一致。同时根据 H.265 的帧内预测技术特点，将预测块与其左临块、上临块划分为三重隔离信道，进一步削弱信道内部帧内预测单元的相互影响，更加有效地避免了代价漂移现象产生。实验结果表明，该算法在保持率失真性能及安全性方面均优于其他基于帧内预测模式的视频隐写算法。

5.1.2.3 基于多尺寸块的帧内预测模式自适应隐写

为了解决 H.265 基于帧内预测模式隐写算法只能调制单一尺寸（4×4）块的问题，Dong 等[117] 提出了基于 H.265 修改多尺寸块的帧内预测模式的隐写设计框架。

以往，基于 H.264 或 H.265 视频帧内预测模式的隐写算法都只选择固定大小的（4×4）分块嵌入信息。这一选择范围对于 H.264 视频是合理的，因为 H.264 视频中的 16×16 帧内编码块通常用来编码较平缓的区域，且数量一般较少。但是，H.265 视频大多是高分辨率的，编码时会采用多种类型的大尺寸预测单元，因此，若仅使用固定大小的小尺寸帧内编码块进行隐写，则会限制嵌入容量。

作者认为修改帧内预测模式对 H.265 视频视觉质量的影响较小，修改多尺寸预测单元的帧内预测模式来提高嵌入容量的做法是可行的。该方法选取采用模式 2-34 (角度预测模式) 的帧内编码块，将预测模式调制前后率失真优化模型代价的变化作为隐写代价，使用 STC 调制所有不同尺寸块的帧内预测模式，将秘密信息比特嵌入到帧内预测模式索引值的最低有效比特位。实验结果表明，该算法在不造成视觉质量下降的情况下，提高了嵌入容量，并且通过使用 STC 保证了较高的嵌入效率，关于 STC 的相关原理，可以参考《隐写学原理与技术》[2] 一书。

该团队前期成果[118] 类似上述方法，但只使用单一尺寸 4×4 帧内预测分块作为载体。

5.2 针对性分析方法

视频编码器对某待编码块进行帧内预测编码时，通常会按照某种编码代价度量准则，从候选帧内预测模式中，选择具有最小编码代价的帧内预测模式，作为当前待编码块的最优帧内预测模式。调制帧内预测模式将破坏其最优性和邻域相关性，本节将介绍已有针对性分析方法。

5.2.1 基于帧内预测模式空间相关性的隐写分析方法

Li 等[37] 认为，对视频帧内预测模式进行调制，将破坏相邻块帧内预测模式的统计特性。基于上述假设，他们建立了针对 H.264 视频中 4×4 亮度块帧内预测模式空间相关性的统计模型，使用马尔可夫状态转移概率对预测模式的相关性进行量化，发掘了调制帧内预测模式导致的相关性变化，达到了良好的分析检测效果。

　　为了便于描述，对于采用 4×4 帧内预测模式进行编码的宏块，将其中的 16 个 4×4 亮度块记作 $a_{i,j}$ $(i, j \in \{1, 2, 3, 4\})$（图 5.7），并将 $a_{i,j}$ 对应的帧内预测模式记作 $S_{i,j} \in \{0, 1, 2, \cdots, 8\}$。帧内编码宏块中的 4×4 帧内预测模式的状态转移概率通过如图 5.8 所示的四个遍历路径进行统计。

a_{11}	a_{12}	a_{13}	a_{14}
a_{21}	a_{22}	a_{23}	a_{24}
a_{31}	a_{32}	a_{33}	a_{34}
a_{41}	a_{42}	a_{43}	a_{44}

图 5.7　H.264/AVC 宏块中的 16 个 4×4 亮度块

　　该方法在单个和多个空间方向上对相邻帧内预测模式的相关性进行建模，相应的特征提取步骤描述如下。

　　步骤 1：一阶马尔可夫模型建立。对于当前某个 4×4 亮度块帧内预测模式 S_n，获得 9×9 的状态转移矩阵 $\boldsymbol{P}^1$，则

$$p_{t,u} = \mathbb{P}(S_{n+1} = u \mid S_n = t) \tag{5-1}$$

式中，$p_{t,u}$ 表示在某一遍历路径下，第 n 块为模式 t 的条件下，第 $n+1$ 块为模式 u 的概率；$t, u \in \{0, 1, 2, \cdots, 8\}$。

　　步骤 2：二阶马尔可夫模型建立。与步骤 1 类似，获得 $9 \times 9 \times 9$ 的状态转移矩阵 $\boldsymbol{P}^2$，则

$$p_{t,u,v} = \mathbb{P}(S_{n+1} = u \mid S_n = t, S_{n-1} = v) \tag{5-2}$$

式中，$p_{t,u,v}$ 表示在某一遍历路径下，第 n 块为模式 t 且第 $n-1$ 块为模式 v 的条件下，第 $n+1$ 块为模式 u 的概率；$t, u, v \in \{0, 1, 2, \cdots, 8\}$。

　　步骤 3：混合空间相关性模型建立。为了进一步描述块间帧内预测模式的相关性，获得 $9 \times 9 \times 9 \times 9$ 的多方向状态转移矩阵 $\boldsymbol{P}^{\mathrm{mix}}$，则

$$p_{t,u,v,w} = \mathbb{P}(S_{n,m} = u \mid S_{n+1,m} = t, S_{n,m+1} = v, S_{n+1,m+1} = w) \tag{5-3}$$

式中，$p_{t,u,v,w}$ 表示在图 5.7 所示相对位置编号下，第 $(n+1, m)$ 块为模式 t、第

$(n, m+1)$ 块为模式 v 且第 $(n+1, m+1)$ 块为模式 w 的条件下，第 (n, m) 块为模式 u 的概率；$t, u, v, w \in \{0, 1, 2, \cdots, 8\}$。

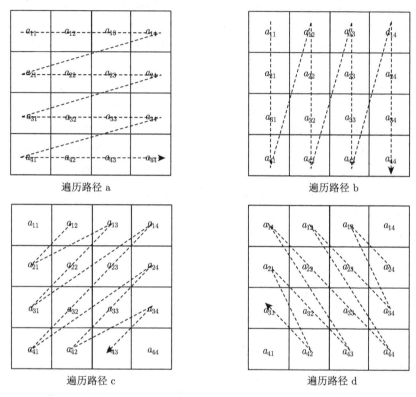

图 5.8　Li 等[37] 方法中宏块内亮度块帧内预测模式的四种扫描顺序

为了提高可行性，在实际使用中，可使用上述步骤 1~3 获取的特征并集的子集进行训练和分析。

5.2.2　基于帧内预测模式校准的隐写分析方法

Zhao 等[38] 认为，对原始帧内预测模式进行扰动修改，将不可避免地破坏其最优状态，即将原始最优帧内预测模式修改为非最优。H.264 载体视频在隐写过程中被修改的帧内预测模式，在视频"校准"（重压缩）后，通常会回复（reverse）至其原始最优状态；未经修改的 4×4 亮度块帧内预测模式，在视频校准后，一般保持不变。基于上述帧内预测模式回复特性假设，他们提出了名为帧内预测模式校准（intra prediction mode calibration，IPMC）的专用隐写分析方法，以检测基于 4×4 亮度块帧内预测模式的视频隐写，达到了当前最优的分析检测效果。

有关 IPMC 的特征提取步骤，描述如下。

　　步骤 1：预处理。将待测 H.264 视频分割为互不重叠的检测单元，每个检测单元由若干连续视频帧组成。

　　步骤 2：原始重建亮度块获取。对于当前检测单元中某个可用于隐写 ① 的 4×4 帧内预测模式 IPM_i $(i = 1, 2, \cdots, N)$ 块（其中 N 表示当前检测单元中可用于隐写的 4×4 帧内预测模式的数量），解码得到其对应的 4×4 原始重建亮度块 $\boldsymbol{B}_i^{\text{rec}}$。

　　步骤 3：校准重建亮度块获取。基于原始量化参数，采用 4×4 帧内预测模式 mode_j $(j = 1, 2, \cdots, 9)$ 对原始重建亮度块 $\boldsymbol{B}_i^{\text{rec}}$ 重新进行帧内预测编码，并对所得结果进行解码，得到相应的 4×4 校准重建亮度块 $\boldsymbol{B}_i^{\text{rec}}(\text{mode}_j)$。

　　步骤 4：校准代价获取。对 $\boldsymbol{B}_i^{\text{rec}}$ 和 $\boldsymbol{B}_i^{\text{rec}}(\text{mode}_j)$ 的残差矩阵进行 Hadamard 变换，并计算变换所得结果中各元素的绝对值之和，即 $\text{SATD}(\boldsymbol{B}_i^{\text{rec}}, \boldsymbol{B}_i^{\text{rec}}(\text{mode}_j))$，将其作为 IPM_i 采用 mode_j 进行校准对应的校准代价。在此基础上，将 IPM_i 在九种 4×4 亮度块帧内预测模式下的校准代价进行升序排列，构成列表 $C_{\text{IPM}_i}^{\text{SATD}}$（图 5.9），即

$$\{C_{\text{IPM}_i}^{\text{SATD}}(j) \mid j = 1, 2, \cdots, 9\} = \{\text{SATD}(\boldsymbol{B}_i^{\text{rec}}, \boldsymbol{B}_i^{\text{rec}}(\text{mode}_k)) \mid k = 1, 2, \cdots, 9\}$$
$$C_{\text{IPM}_i}^{\text{SATD}}(j_1) \leqslant C_{\text{IPM}_i}^{\text{SATD}}(j_2) \ (1 \leqslant j_1 < j_2 \leqslant 9)$$

$$(5\text{-}4)$$

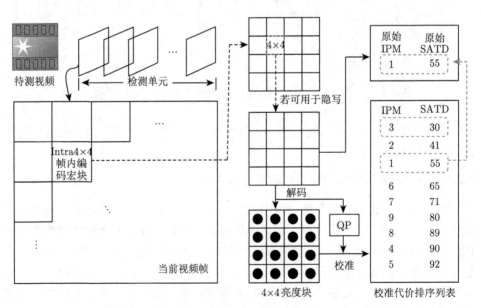

图 5.9　IPMC[38] 中 4×4 分块的帧内预测模式校准流程示意图

---

　　① 若某 4×4 分块的帧内模式和其相应预测值不同，即相应语法元素 pred_intra4×4_pred_mode_flag = 0，则该 4×4 亮度块帧内预测模式被判断为可用于隐写[38]。

步骤 5：类型 1 子特征 f^1 提取。f^1 的每个特征表示给定 k 时 SATD($\boldsymbol{B}_i^{\mathrm{rec}}$, $\boldsymbol{B}_i^{\mathrm{rec}}(\mathrm{IPM}_i)$) 和 $C_{\mathrm{IPM}_i}^{\mathrm{SATD}}(k)$ 相等的概率，定义为

$$f^1(k) = \mathbb{P}\left(\mathrm{SATD}\left(\boldsymbol{B}_i^{\mathrm{rec}}, \boldsymbol{B}_i^{\mathrm{rec}}(\mathrm{IPM}_i)\right) = C_{\mathrm{IPM}_i}^{\mathrm{SATD}}(k)\right)$$
$$= \frac{\sum_{i=1}^{N} \delta\left(\mathrm{SATD}\left(\boldsymbol{B}_i^{\mathrm{rec}}, \boldsymbol{B}_i^{\mathrm{rec}}(\mathrm{IPM}_i)\right), C_{\mathrm{IPM}_i}^{\mathrm{SATD}}(k)\right)}{N} \quad (5\text{-}5)$$

式中，$k = 1, 2, \cdots, 9$；$\delta(x, y) = \begin{cases} 1, & x = y \\ 0, & x \neq y \end{cases}$。

步骤 6：类型 2 子特征 f^2 提取。f^2 的每个特征反映 SATD($\boldsymbol{B}_i^{\mathrm{rec}}$, $\boldsymbol{B}_i^{\mathrm{rec}}(\mathrm{IPM}_i)$) 和 $C_{\mathrm{IPM}_i}^{\mathrm{SATD}}(1)$ 之间的差异程度，定义为

$$f^2(k) = \frac{\sum_{i=1}^{N} \delta_k\left(\mathrm{SATD}(\boldsymbol{B}_i^{\mathrm{rec}}, \boldsymbol{B}_i^{\mathrm{rec}}(\mathrm{IPM}_i)), C_{\mathrm{IPM}_i}^{\mathrm{SATD}}(1)\right)}{N} \quad (5\text{-}6)$$

式中，δ_k ($k = 1, 2, 3, 4$) 分别定义为

$$\delta_1(x,y) = \begin{cases} 1, & \left|\dfrac{x-y}{y}\right| \leqslant \beta^{①} \\ 0, & \text{其他} \end{cases} \quad (5\text{-}7)$$

$$\delta_2(x,y) = \begin{cases} 1, & \beta < \left|\dfrac{x-y}{y}\right| \leqslant 2\beta \\ 0, & \text{其他} \end{cases} \quad (5\text{-}8)$$

$$\delta_3(x,y) = \begin{cases} 1, & 2\beta < \left|\dfrac{x-y}{y}\right| \leqslant 3\beta \\ 0, & \text{其他} \end{cases} \quad (5\text{-}9)$$

$$\delta_4(x,y) = \begin{cases} 1, & 3\beta < \left|\dfrac{x-y}{y}\right| \\ 0, & \text{其他} \end{cases} \quad (5\text{-}10)$$

步骤 7：特征合并。将类型 1 子特征 f^1 和类型 2 子特征 f^2 合并，得到 13 维隐写分析特征集 $\mathcal{F}$，即

$$\mathcal{F}(k) = \begin{cases} f^1(k), & k \in [1, 9] \\ f^2(k-9), & k \in [10, 13] \end{cases} \quad (5\text{-}11)$$

① 经验参数 β 通常和待测视频码率成反比，有关该参数的具体优选规则，请参见原文献。

步骤 8：后续处理。在当前待测视频中，定位某一尚未提取特征的检测单元，依次执行上述步骤 2~7，直至所有检测单元的特征提取完毕。

5.3　本 章 小 结

帧内预测编码是视频编码的核心技术之一，该技术有效压缩了视频帧内二维像素阵列的空间冗余。帧内预测编码过程中生成的帧内预测模式，是可用于隐写的视频码流常规语法元素。

本章对已有的帧内预测模式域嵌入算法和分析方法进行了梳理。基本的嵌入算法建立帧内预测模式和信息比特的简单映射，并根据该映射和待嵌入消息，直接调制对应块的帧内预测模式。在优化嵌入方法部分，介绍了两个具有代表性的算法：①使用吉布斯构造网格，交错式地对间隔的网格信道进行嵌入，抑制修改帧内预测模式引起的视频帧内失真漂移现象；②以调制前后率失真优化模型代价的变化作为嵌入代价，引入 STC 隐写码，实现安全性更高的自适应嵌入。除了基于帧内预测模式域的嵌入算法外，也存在一些基于帧内预测模式域的水印技术[119,120]。

帧内预测模式域的隐写分析方法利用调制帧内预测模式将破坏其相关性和最优性的缺陷，相应的检测方案主要有两个典型方法：①通过训练样本获得帧内预测模式在邻域间的共生关系，建立马尔可夫状态转移矩阵作为分析特征；②利用隐写视频经过重压缩后，被调制的帧内预测模式往往会回复至原始最优状态的现象，获取"校准"代价特征进行有效分析。

由于帧内预测过程将对每个编码块评估最优的预测模式，且该过程块与块间相互依赖，任何人为修改都可能会破坏最优性，并引起无法预估的连锁影响。通过阅读本章，读者应该能感受到，已有的帧内预测模式域嵌入算法并未完全解决上述问题，期待读者能大胆思考，提出更加巧妙的嵌入和分析方案。

5.4　思考与实践

（1）为什么一般不修改 H.264 视频 16×16 块的帧内预测模式？

（2）基于相邻块帧内预测模式关系的隐写分析方法如何对相邻区域的帧内预测模式共生关系建立模型？

（3）基于帧内预测模式校准的隐写分析方法如何定义校准代价？

（4）基于吉布斯构造的帧内预测模式自适应信息隐藏方法是如何解决像素失真漂移问题的？

（5）针对目前最先进的基于帧内预测模式校准的隐写分析方法，尝试提出一种可以有效抵抗其分析的隐写方法。

第 6 章 帧间预测模式域隐写及其分析

帧间预测是视频混合编码框架中的重要组成部分。它根据邻近视频帧在内容上存在一定相关性的特点，在邻近参考帧中为待编码块搜索出相应的最佳匹配块，通过仅编码它们之间的残差，有效去除时间冗余。

有关帧间预测模式域视频隐写与隐写分析的研究成果较少，具有较大的发展空间。本章将简述已有的典型嵌入方法和相应的针对性分析方法。

6.1 典型嵌入方法

6.1.1 基本嵌入方法

与基于帧内预测模式的视频隐写算法类似，早期基于帧间预测模式的视频隐写算法主要通过建立帧间预测模式与密息比特间的映射关系，调制编码单元的帧间预测模式来嵌入密息。

6.1.1.1 基于宏块预测模式调制的嵌入方法

王让定等[121]提出了一种基于 H.264 帧内及帧间预测模式的嵌入方法。该算法通过调制某些宏块的预测模式，从而在 I 帧、P 帧和 B 帧中嵌入秘密信息。对于采用 Intra_4×4 帧内预测模式进行编码的宏块，通过修改其中某个 4×4 子块的帧内预测模式以嵌入秘密信息；对 P 帧和 B 帧中预测模式不为 Intra_4×4、跳跃（SKIP）和直接（DIRECT）模式的宏块，则通过修改其（帧内或帧间）预测模式以嵌入秘密信息。为了保证秘密信息嵌入后的视觉不可感知性，并保证隐写视频具备较好的率失真性能，该方法对 P 帧和 B 帧宏块实施预测模式调制后，对其评估：如果模式调制后的率失真代价大于采用 Intra_4×4 预测模式进行编码的率失真代价，则采用 Intra_4×4 帧内预测模式对当前宏块进行重新编码，再进行信息嵌入。

该算法的具体嵌入流程如图 6.1所示。其中，mode 表示当前分块的帧内或帧间预测模式，RDP 表示帧间编码宏块经过预测模式调制后的率失真代价，RDI 表示宏块采用 Intra_4×4 预测模式进行编码时的率失真代价，具体嵌入方法如下。

（1）调整 Intra_4×4 编码宏块的预测模式。如果 Intra_4×4 是当前宏块的最佳预测模式，则先由密钥随机选择宏块中的某个 4×4 分块，然后根据式(6-1)调

整编码模式，即

$$mode = \begin{cases} \text{best\_imode}, & (\text{best\_imode} \quad \text{mod } 2) = m_i \\ \text{sub\_imode}, & (\text{best\_imode} \quad \text{mod } 2) \neq m_i \end{cases} \tag{6-1}$$

式中，m_i 是第 i 位秘密信息比特；best_imode 是当前 4×4 块的最佳帧内预测模式索引值；sub_imode 为替换模式，是九种 Intra_4×4 模式中率失真代价最小且模式的索引模 2 等于秘密信息比特的预测模式。

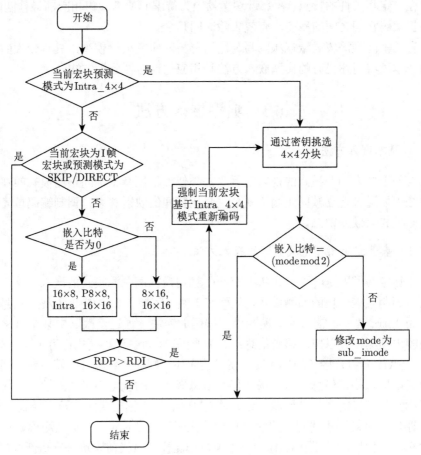

图 6.1　王让定等[121] 所提基于 H.264 帧间及帧内预测模式隐写方案的消息嵌入流程图

（2）调整其他宏块的帧内或帧间预测模式。如果当前宏块是 I 帧宏块，或者采用 SKIP 或 DIRECT 模式进行编码，则跳过，否则根据如下调制当前宏块的帧内或帧间预测模式以嵌入秘密信息：

$$mode = \{r \mid \min\{J_r\}, \quad r \in \boldsymbol{S}'\} \tag{6-2}$$

随后，将该宏块调整预测模式后的率失真代价与假定采用 Intra_4 × 4 模式的率失真代价进行比较，如果 Intra_4 × 4 模式率失真代价较小，则将该宏块基于 Intra_4 × 4 模式重新编码和嵌入信息。

式 (6-2) 中，J_r 表示对应宏块编码模式 r 的率失真代价；S' 定义为

$$S' = \begin{cases} \{\text{Intra\_16} \times 16,\ 16 \times 8,\ \text{P8} \times 8\}, & m_i = 0 \\ \{16 \times 16,\ 8 \times 16\}, & m_i = 1 \end{cases} \tag{6-3}$$

嵌入时，基于上述具体方法，遍历视频各宏块进行操作，将编码结果和当前宏块调整后的编码模式写入码流，直到秘密信息嵌入完毕或者视频序列结束。

实验结果表明，该算法可达到较好的率失真平衡，并减小了秘密信息隐写嵌入对视频质量和视频码流的影响。

Kapotas 等[122] 在 H.264/AVC 宏块级帧间预测模式和密息比特间建立了映射关系，隐写时根据待嵌密息比特调制修改当前帧间编码单元的宏块级帧间预测模式，其嵌入流程如图 6.2 所示。在帧间编码时，首先利用场景变换检测算法[123-125] 判断该帧是否为场景变换帧。如果是场景变换帧，则在其后插入一个额外的复制帧。然后，以场景变换帧作为参考，根据待嵌入的密息比特和表 6.1 强制使用相应的宏块划分模式对复制帧进行帧间预测编码；如果不是场景变换帧，则直接进行帧内或帧间预测编码而不嵌入信息。

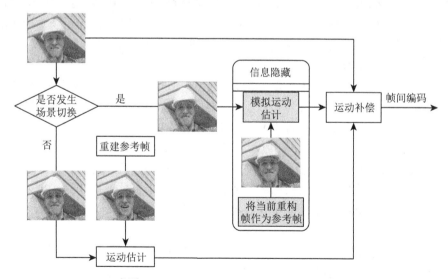

图 6.2 Kapotas 等[122] 所提 H.264 帧间预测模式映射隐写方案的消息嵌入流程图

表 6.1　宏块划分模式与二进制码的映射关系

宏块划分模式	二进制码
16×16	00
16×8	01
8×16	10
8×8	11

6.1.1.2　基于编码单元划分模式调制的嵌入方法

Shanableh 等[126] 提出了基于 H.265/HEVC 帧间预测模式的嵌入算法。在该算法中，首先构建编码单元（coding unit，CU）帧间划分模式预测模型。然后基于模型生成的划分模式预测结果（以下简称预测结果），对视频编码器产生的真实划分模式进行调制，来实现秘密信息的嵌入：如果预测结果和真实划分模式相同，则表示信息比特"1"，否则代表信息比特"0"。

嵌入过程分为两个主要步骤，描述如下。

步骤 1：构建编码单元划分模式预测模型。在 H.265/HEVC 中，编码单元的划分模式通常与周围编码单元的划分模式具有一定相关性，因此可设计模型以拟合周围编码单元的划分模式与当前编码单元的划分模式结果之间的映射关系，并将此模型用于预测编码单元的划分模式。通常将视频序列中的前 10% 的编码单元特征用于训练模型。提取的编码单元特征向量的维度为 50，它们由五个相邻的编码单元（左相邻，左上相邻，上相邻，右上相邻和当前位置）的多种编码信息（包括运动向量，编码单元的深度等）组合得到。预测模型采用线性分类器，并用最小二乘法计算模型参数。

步骤 2：根据模型预测结果，通过修改 64×64 编码单元划分模式嵌入秘密信息。如果待嵌入信息比特为"1"，则调整编码单元实际划分模式与预测结果一致；如果待嵌入信息比特为"0"，则修改编码单元实际划分模式使得两者不一致。具体的嵌入方案如图 6.3所示，图 6.3(a) 表示原始 64×64 编码单元的划分模式，图 6.3(b) 表示模型预测的划分模式，图 6.3(c) 表示嵌入信息后的划分模式。该例中需要嵌入的信息为"0011"，因此图 6.3(a) 中 64×64 编码单元中的最后两个 32×32 编码单元将被替换成图 6.3(b) 中对应编码单元的划分模式。

该方法能够在解码端重建预测模型，并且识别包含嵌入秘密信息的编码单元划分模式，从而正确提取所嵌信息。同时，与之前已有的方案进行对比，这种方案具有更高的负载率，同时降低了隐写带来的视频失真。

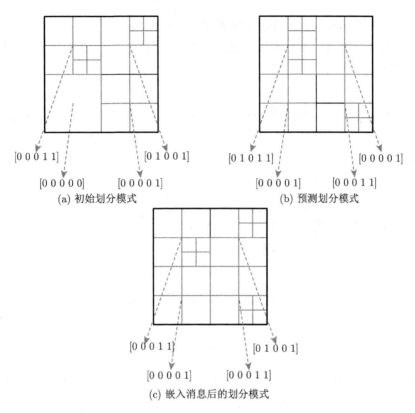

[0 0 0 1 1]　　　　　　　　[0 1 0 0 1]

[0 0 0 0 0]　　　[0 0 0 0 1]

(a) 初始划分模式

[0 1 0 1 1]　　　　　　　[0 0 0 0 1]

[0 0 0 0 1]　　　[0 0 0 1 1]

(b) 预测划分模式

[0 0 0 1 1]　　　　　　[0 1 0 0 1]

[0 0 0 0 1]　　　[0 0 0 1 1]

(c) 嵌入消息后的划分模式

图 6.3　　基于编码单元划分模式调制的嵌入示例

6.1.2　优化嵌入方法

上述基本嵌入方法存在以下三方面局限性。首先，现有方案随机修改了宏块的原始帧间预测模式，很大程度上背离了视频编码中帧间预测模式选择的基本流程，会对视频的压缩编码效率造成较大负面影响。其次，基本嵌入方法所实现的嵌入效率较低，未采用高效隐写码和自适应嵌入框架，无法有效限制隐写操作造成的扰动。此外，基本嵌入方法的隐写安全性较低，无法有效抵抗专用隐写分析的攻击。

为了解决上述基本嵌入方法存在的局限性，研究者们提出了一些优化嵌入方法。它们通常采用自适应隐写框架进行密息的嵌入和提取，不仅降低了隐写操作对视频质量和压缩编码性能的影响，还有效提升了隐写安全性。下面介绍基于扰动宏块帧间预测子宏块划分模式的自适应隐写。

在 Zhang 等[127] 的工作中，他们利用 H.264 中树状结构帧间预测模式划分的编码特性，通过修改帧间预测模式进行信息嵌入。具体地，该方法通过采用 STC[72,73] 和 WPC[79] 构建了双层自适应嵌入框架[128]，通过修改子宏块级帧间预测模式实现密息嵌入。相应的步骤流程如下所述。

给定当前视频帧中 n 个具有子宏块级帧间预测模式的帧间编码宏块，将它们的划分模式记作：

$$\mathbb{P} = (\boldsymbol{P}_1, \cdots, \boldsymbol{P}_n) \tag{6-4}$$

根据预设的子宏块划分模式的映射规则（表 6.2），将四种划分模式与四种不同的 2bit 信息编码设置映射关系，因此可以将上述第 i 个宏块划分模式 $\boldsymbol{P}_i$ 表示为一个 8bit 序列，即

$$\boldsymbol{P}_i = p_{i,1}, \; p_{i,2}, \; \cdots, \; p_{i,8} \tag{6-5}$$

对于给定的相对负载率 α，长度为 αn 比特的信息 $\boldsymbol{m}$ 将通过修改 $\mathbb{P}$ 中的某些宏块划分模式来嵌入，所得的隐写帧可以表示为 $\mathbb{P}' = (\boldsymbol{P}_1', \cdots, \boldsymbol{P}_n')$。文献假设每个划分模式的修改失真是互相独立的。

表 6.2　子宏块划分模式与二进制码的映射关系

子宏块划分模式	二进制码字
8×8	00
8×4	01
4×8	10
4×4	11

在双层自适应框架的第一层，将奇偶校验函数定义为 $\mathcal{P}(\boldsymbol{P}_i) = \bigoplus_{j=1}^{8} p_{i,j}$。通过 $\mathcal{P}$ 可将 $\mathbb{P}$ 映射得到第一层隐蔽信道的载体向量 $\boldsymbol{x} = (x_1, x_2, \cdots, x_n)$，其中 $x_i = \mathcal{P}(\boldsymbol{P}_i)$。为了引入在给定有效载荷情况下的最小嵌入失真，同时兼顾视觉质量和编码效率，该方法以率失真代价评估嵌入失真，并利用 STC 在第一层嵌入通道中确定最优的宏块划分模式修改集合，并将修改的比特数目记录为 r。

在第一层通道基础上，第二层可以按如下步骤构建：取出每个子宏块级划分模式对应 8bit 序列中的前七个比特，如式(6-6)所示：

$$\tilde{\boldsymbol{P}}_i = p_{i,1}, \; p_{i,2}, \; \cdots, \; p_{i,7} \tag{6-6}$$

如果 $x_i \in \boldsymbol{x}$ 的比特位需要被修改，则通过翻转 $\boldsymbol{P}_i$ 所对应 8bit 二进制序列中的任意一个比特即可。所以，对应的 $\tilde{\boldsymbol{P}}_i'$ 可以被 [7, 4] 汉明码校验矩阵 $\boldsymbol{H}_{\mathrm{h}}$ 映射为一个 3bit 向量，第二层湿纸编码通道就可以按照式(6-7)构建：

$$\boldsymbol{y} = (\tilde{\boldsymbol{P}}_1 \boldsymbol{H}_{\mathrm{h}}^{\mathrm{T}}, \; \tilde{\boldsymbol{P}}_2 \boldsymbol{H}_{\mathrm{h}}^{\mathrm{T}}, \; \cdots, \; \tilde{\boldsymbol{P}}_n \boldsymbol{H}_{\mathrm{h}}^{\mathrm{T}}) \tag{6-7}$$

因此，$3r$ 个额外的信息比特位可以通过湿纸编码进行嵌入。因此，该方法的嵌入效率为 $e = (\alpha n + 3r)/r = e_{\mathrm{STC}} + 3$。与 STC 嵌入相比，双层框架可以增加嵌入

效率，每次修改可以多嵌入 3bit 的信息。相比于基本嵌入方法，该方法通过引入并改进自适应隐写框架，在保证充足的嵌入容量的情况下，获得了更好的编码性能以及隐写安全性能。

6.2 针对性分析方法

根据视频压缩编码的原理，帧间预测被用于降低时域冗余以提升压缩编码性能。对帧间预测模式进行隐写扰动，把原始最优帧间预测模式修改为非最优，将不可避免地破坏视频压缩编码的最优性，从而对视频压缩编码效率造成负面影响。

Zhang 等[127,129] 认为隐写嵌入过程中被修改的帧间预测模式，在隐写视频重压缩后，将表现出回复至其原始最优状态的趋势。因此，对帧间预测模式回复特性进行有效检测，有助于设计出针对帧间预测模式视频隐写的高性能检测分析方法。根据帧间预测模式回复特性，他们提出了名为帧间预测模式回复（inter prediction mode reversion-based，IPRB）的 40 维专用分析特征，以检测基于 H.264 帧间预测模式的视频隐写，达到了良好的分析效果。

有关 IPRB 的特征提取步骤（图 6.4），描述如下。

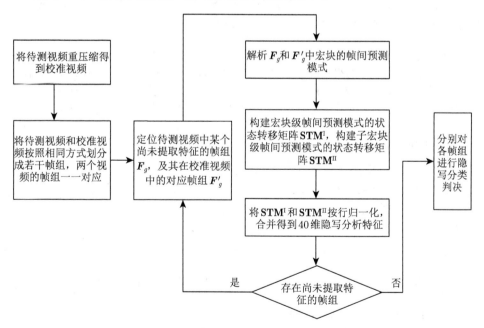

图 6.4　IPRB[127,129] 的特征提取流程示意图

步骤 1：预处理。将待测视频划分成互不重叠的检测单元，每个检测单元由若干连续视频帧组成；对待测视频进行重压缩，得到校准视频，相应地，按照待

测视频的检测单元划分方式，将校准视频划分成若干校准单元。

步骤 2：帧间预测模式解析。对于当前检测单元 $\boldsymbol{F}_g$，定位其相应校准单元 $\boldsymbol{F}_g'$，解析 $\boldsymbol{F}_g$ 和 $\boldsymbol{F}_g'$ 包含的帧间预测模式。

步骤 3：构造宏块级帧间预测模式状态转移矩阵 $\mathbf{STM}^{\mathrm{I}}$。构造大小为 4×5 的宏块级帧间预测模式状态转移矩阵 $\mathbf{STM}^{\mathrm{I}}$，即

$$
\begin{bmatrix}
N\left(P_{16\times16}^{\mathrm{I}}\middle|P_{16\times16}^{\mathrm{I}}\right) & N\left(P_{16\times8}^{\mathrm{I}}\middle|P_{16\times16}^{\mathrm{I}}\right) & N\left(P_{8\times16}^{\mathrm{I}}\middle|P_{16\times16}^{\mathrm{I}}\right) & N\left(P_{8\times8}^{\mathrm{I}}\middle|P_{16\times16}^{\mathrm{I}}\right) & N\left(\mathrm{Ot}\middle|P_{16\times16}^{\mathrm{I}}\right) \\
N\left(P_{16\times16}^{\mathrm{I}}\middle|P_{16\times8}^{\mathrm{I}}\right) & N\left(P_{16\times8}^{\mathrm{I}}\middle|P_{16\times8}^{\mathrm{I}}\right) & N\left(P_{8\times16}^{\mathrm{I}}\middle|P_{16\times8}^{\mathrm{I}}\right) & N\left(P_{8\times8}^{\mathrm{I}}\middle|P_{16\times8}^{\mathrm{I}}\right) & N\left(\mathrm{Ot}\middle|P_{16\times8}^{\mathrm{I}}\right) \\
N\left(P_{16\times16}^{\mathrm{I}}\middle|P_{8\times16}^{\mathrm{I}}\right) & N\left(P_{16\times8}^{\mathrm{I}}\middle|P_{8\times16}^{\mathrm{I}}\right) & N\left(P_{8\times16}^{\mathrm{I}}\middle|P_{8\times16}^{\mathrm{I}}\right) & N\left(P_{8\times8}^{\mathrm{I}}\middle|P_{8\times16}^{\mathrm{I}}\right) & N\left(\mathrm{Ot}\middle|P_{8\times16}^{\mathrm{I}}\right) \\
N\left(P_{16\times16}^{\mathrm{I}}\middle|P_{8\times8}^{\mathrm{I}}\right) & N\left(P_{16\times8}^{\mathrm{I}}\middle|P_{8\times8}^{\mathrm{I}}\right) & N\left(P_{8\times16}^{\mathrm{I}}\middle|P_{8\times8}^{\mathrm{I}}\right) & N\left(P_{8\times8}^{\mathrm{I}}\middle|P_{8\times8}^{\mathrm{I}}\right) & N\left(\mathrm{Ot}\middle|P_{8\times8}^{\mathrm{I}}\right)
\end{bmatrix}
\tag{6-8}
$$

式中，宏块级帧间预测模式 $\boldsymbol{P}_{x\times y}^{\mathrm{I}}$ 表示宏块被划分成尺寸为 $x\times y$ 的分块，分别进行帧间预测（例如，$P_{16\times8}^{\mathrm{I}}$ 代表将宏块划分为两个 16×8 的分块）；$N(\boldsymbol{S}'|\boldsymbol{S})$ 表示从校准前状态 $\boldsymbol{S}$ 转移到校准后状态 $\boldsymbol{S}'$ 的宏块的数量，$\boldsymbol{S}\in\{P_{16\times16}^{\mathrm{I}},\ P_{16\times8}^{\mathrm{I}},\ P_{8\times16}^{\mathrm{I}},\ P_{8\times8}^{\mathrm{I}}\}$，$\boldsymbol{S}'\in\{P_{16\times16}^{\mathrm{I}},\ P_{16\times8}^{\mathrm{I}},\ P_{8\times16}^{\mathrm{I}},\ P_{8\times8}^{\mathrm{I}},\ \mathrm{Ot}\}$；$\mathrm{Ot}$ 表示校准后宏块不采用帧间预测编码，不具有任何帧间预测模式。

步骤 4：构造子宏块级帧间预测模式状态转移矩阵 $\mathbf{STM}^{\mathrm{II}}$。构造大小为 4×5 的子宏块级帧间预测模式状态转移矩阵 $\mathbf{STM}^{\mathrm{II}}$，即

$$
\begin{bmatrix}
N\left(P_{8\times8}^{\mathrm{II}}\middle|P_{8\times8}^{\mathrm{II}}\right) & N\left(P_{8\times4}^{\mathrm{II}}\middle|P_{8\times8}^{\mathrm{II}}\right) & N\left(P_{4\times8}^{\mathrm{II}}\middle|P_{8\times8}^{\mathrm{II}}\right) & N\left(P_{4\times4}^{\mathrm{II}}\middle|P_{8\times8}^{\mathrm{II}}\right) & N\left(\mathrm{Ot}\middle|P_{8\times8}^{\mathrm{II}}\right) \\
N\left(P_{8\times8}^{\mathrm{II}}\middle|P_{8\times4}^{\mathrm{II}}\right) & N\left(P_{8\times4}^{\mathrm{II}}\middle|P_{8\times4}^{\mathrm{II}}\right) & N\left(P_{4\times8}^{\mathrm{II}}\middle|P_{8\times4}^{\mathrm{II}}\right) & N\left(P_{4\times4}^{\mathrm{II}}\middle|P_{8\times4}^{\mathrm{II}}\right) & N\left(\mathrm{Ot}\middle|P_{8\times4}^{\mathrm{II}}\right) \\
N\left(P_{8\times8}^{\mathrm{II}}\middle|P_{4\times8}^{\mathrm{II}}\right) & N\left(P_{8\times4}^{\mathrm{II}}\middle|P_{4\times8}^{\mathrm{II}}\right) & N\left(P_{4\times8}^{\mathrm{II}}\middle|P_{4\times8}^{\mathrm{II}}\right) & N\left(P_{4\times4}^{\mathrm{II}}\middle|P_{4\times8}^{\mathrm{II}}\right) & N\left(\mathrm{Ot}\middle|P_{4\times8}^{\mathrm{II}}\right) \\
N\left(P_{8\times8}^{\mathrm{II}}\middle|P_{4\times4}^{\mathrm{II}}\right) & N\left(P_{8\times4}^{\mathrm{II}}\middle|P_{4\times4}^{\mathrm{II}}\right) & N\left(P_{4\times8}^{\mathrm{II}}\middle|P_{4\times4}^{\mathrm{II}}\right) & N\left(P_{4\times4}^{\mathrm{II}}\middle|P_{4\times4}^{\mathrm{II}}\right) & N\left(\mathrm{Ot}\middle|P_{4\times4}^{\mathrm{II}}\right)
\end{bmatrix}
\tag{6-9}
$$

式中，子宏块级帧间预测模式 $\boldsymbol{P}_{x\times y}^{\mathrm{II}}$ 表示子宏块被划分成尺寸为 $x\times y$ 的分块，分别进行帧间预测（例如，$P_{4\times8}^{\mathrm{II}}$ 代表将子宏块划分为两个 4×8 的分块）；$N(\boldsymbol{S}'|\boldsymbol{S})$ 表示从校准前状态 $\boldsymbol{S}$ 转移到校准后状态 $\boldsymbol{S}'$ 的子宏块的数量，$\boldsymbol{S}\in\{P_{8\times8}^{\mathrm{II}},\ P_{8\times4}^{\mathrm{II}},\ P_{4\times8}^{\mathrm{II}},\ P_{4\times4}^{\mathrm{II}}\}$，$\boldsymbol{S}'\in\{P_{8\times8}^{\mathrm{II}},\ P_{8\times4}^{\mathrm{II}},\ P_{4\times8}^{\mathrm{II}},\ P_{4\times4}^{\mathrm{II}},\ \mathrm{Ot}\}$；$\mathrm{Ot}$ 表示校准后子宏块不存在，其不具有任何帧间预测模式。

步骤 5：特征归一化。根据式(6-10)，将 $\mathbf{STM}^{\mathrm{I}}$ 第 i 行第 j 列的元素 $\mathbf{STM}^{\mathrm{I}}(i,j)$ 除以 $\sum_{j=1}^{5}\mathbf{STM}^{\mathrm{I}}(i,j)$，得到归一化后的宏块级帧间预测模式状态转移矩阵 $\mathbf{STM}_{\mathrm{norm}}^{\mathrm{I}}$；同理，根据式(6-11)，得到 $\mathbf{STM}_{\mathrm{norm}}^{\mathrm{II}}$。

$$
\mathbf{STM}_{\mathrm{norm}}^{\mathrm{I}}(i,\ j)=\frac{\mathbf{STM}^{\mathrm{I}}(i,\ j)}{\sum_{j=1}^{5}\mathbf{STM}^{\mathrm{I}}(i,\ j)}
\tag{6-10}
$$

$$\mathbf{STM}^{\mathrm{II}}_{\mathrm{norm}}(i,\,j) = \frac{\mathbf{STM}^{\mathrm{II}}(i,\,j)}{\displaystyle\sum_{j=1}^{5}\mathbf{STM}^{\mathrm{II}}(i,\,j)} \tag{6-11}$$

$$(i \in [1,\,4],\, j \in [1,\,5])$$

步骤 6：特征合并。将 $\mathbf{STM}^{\mathrm{I}}_{\mathrm{norm}}$ 和 $\mathbf{STM}^{\mathrm{II}}_{\mathrm{norm}}$ 合并，得到 40 维隐写分析特征集。

步骤 7：后续处理。在当前待测视频中，定位某一尚未提取特征的检测单元，依次执行上述步骤 2~6，直至所有检测单元的特征提取完毕。

6.3　本 章 小 结

帧间预测技术利用视频时域相关性，采用基于块的运动补偿技术，使用临近参考帧中的已编码块预测待编码块，仅编码两者残差，以达到有效去除视频时域冗余的目的。帧间预测模式域是常见隐写嵌入域之一。

本章首先介绍了帧间预测模式域嵌入算法，基本的嵌入算法建立帧间预测的宏块划分与秘密信息比特之间的映射关系，并根据该映射和待嵌入消息，直接调制对应块的帧间预测模式。限于篇幅，除本书所介绍相关算法以外，还有诸多同类算法，例如 Yang 等[130] 对 H.264/AVC 中所有的子宏块划分模式与密息比特进行映射实现隐写。在此基础上，优化的嵌入算法对嵌入的宏块类型、划分模式进行限制，或进一步结合自适应编码框架进行密息嵌入，以提升算法的安全性，降低隐写导致的码率变化。

之后介绍了一种基于帧间预测模式回复特性的分析方法。其基本原理为：隐写过程中被修改的帧间预测模式，在视频重压缩时通常会表现出回复至其原始状态的趋势，对此回复特性进行有效检测，有助于提升相应分析方法的检测性能。在此基础上，通过构建帧间预测模式在视频重压缩前后的状态转移概率矩阵，设计了 40 维隐写分析特征。

现有基于帧间预测模式域的隐写方法较少。在未来，需要通过对不同的失真函数和嵌入结构进行设计与优化，提出安全性能更优且嵌入容量更大的帧间预测模式域视频隐写方法。此外，目前学者们对基于帧间预测模式域的隐写分析技术也鲜有研究，期待读者能大胆思考，提出更加巧妙的分析方案。

6.4　思 考 与 实 践

（1）基于 H.264/AVC 帧间预测模式隐写算法都尝试了哪些方式来优化隐写视频的视觉质量并控制其码率变化？

（2）思考自适应隐写框架应用于帧间预测模式隐写的其他途径。

（3）帧间预测模式域隐写分析方法中，对待测视频进行重压缩的目的是什么？

（4）本章所介绍的帧间预测模式域隐写分析方法是基于视频编码过程中的哪些特性提出的？

（5）针对目前最先进的帧间预测模式域隐写分析方法，尝试提出一种可以有效抵抗其分析的隐写方法。

第 7 章　其他域隐写及其分析

近年来，为促进视频隐写技术的研究和发展，学者们进行了许多有益的尝试。除第 3~6 章介绍的常见隐写嵌入域以外，视频隐写还可在熵编码域、量化参数域、编码块模式域等嵌入域上进行，本章将介绍基于这些嵌入域的隐写方案。此外，本章将简要梳理有关可逆视频隐写的相关研究进展，还将介绍两款知名的视频隐写软件和相应的针对性分析方法。

7.1　熵编码域隐写

7.1.1　MPEG-2 熵编码域

早期的视频水印方法主要针对 MPEG-2 熵编码域，在可变长编码（variable length coding，VLC）中，通过修改 VLC 码表或者 run-level 嵌入秘密消息。其中，run 表示当前系数值之前连续 0 的个数，level 表示当前系数值的大小。

Mobasseri 等[131] 提出了一种基于 VLC 的 MPEG-2 视频嵌入方法。该方法解析输入视频序列的熵编码段，通过将分块中的一个 run-level 码字强制转换为码表中未使用的 run-level 码字来嵌入消息。同时，该文献将一阶码字空间大小 N 拓展到二阶码字空间大小 N^2，使得未使用的码字空间显著增加，解决了码字空间不足的问题。

Lu 等[132] 提出了一种基于熵编码域的视频水印方法。在 VLC 中，如果调整 run 的值，会导致解码时前面的零的数量发生改变，从而导致后续所有非零系数的位置发生移动，此时解码回空间域得到的帧将与原始编码帧有很大的不同。而 level 值的改变并不会影响后续的视频帧编码，因此，该方法主要选择 run-level 中的 level 作为嵌入域，通过 level 与当前宏块所有 level 的均值之间的关系以嵌入消息。

Liu 等[133] 引入了一个控制参数 Δ 实时记录嵌入过程中编码长度的改变值，用于指导消息嵌入。首先将 Δ 初始化为 0，当嵌入的消息比特为 m_i 时，m_i 会与输入分块 b_i 的 VLC 编码 level 的 LSB 进行比对，两者相同则不修改；若两者不同，则参考 Δ 的值：若 $\Delta > 0$，选择编码长度相同或更小的 VLC 码字进行替换；若 $\Delta < 0$，则选择编码长度相同或更大的 VLC 码字进行替换，这样可以保持视频流码率的相对稳定。

7.1.2　H.264/AVC 熵编码域

H.264/AVC 熵编码域中的嵌入方法大致可以分为三类：基于拖尾系数的嵌入方法、基于码字替换的嵌入方法和基于非零系数修改的嵌入方法。

7.1.2.1　基于拖尾系数的嵌入方法

基于拖尾系数的嵌入方法主要通过改变 CAVLC 中拖尾系数的数量或符号来嵌入秘密消息。Kim 等[134] 提出了基于 CAVLC 拖尾系数符号的信息隐藏方案。在 CAVLC 的五种语法元素中（详见 2.4.6.1 节），拖尾系数符号适合用于调制修改，因为拖尾系数符号的改变不会影响 CAVLC 的后续编码。该方法通过改变 zigzag 扫描顺序下最后一个拖尾系数的符号从而嵌入信息，如果该分块不存在拖尾系数则跳过。此方法通过调制拖尾系数符号，不仅能够有效保持隐写视频的视觉质量，而且没有改变编码结构，不会导致隐写视频的码率发生变化。

Li 等[135] 提出的方法与上一方法类似。由于帧间预测模式域隐写可以较好地保持载体视频的视觉质量，熵编码域隐写通常不会对视频码率造成较大扰动，此外，这两种嵌入域之间相互独立、互不影响。因此，为了更好地平衡隐写嵌入对视频视觉质量和码率造成的扰动，提高嵌入容量，文献将这两种嵌入方法结合，同时在两个域中嵌入信息。各个域中嵌入数据的比例可以根据不同的应用环境进行调整。当需要维持载体视频的视觉质量时，主要在帧间预测模式域进行调制修改。当需要避免隐写视频产生码率波动时，主要在 CAVLC 域中嵌入消息。

Liao 等[136] 提出的隐写算法同样利用了拖尾系数来嵌入秘密消息。但具体来说，其嵌入方式与 Kim 等[134] 所提方案相比存在一定差异。该算法是通过调制 CAVLC 中标识拖尾系数数量的码字 T1s 来嵌入密息，相应映射规则可以表示为

$$
\mathrm{T1s} = \begin{cases} 2, & \omega = 0,\, \mathrm{T1s} = 3 \\ 1, & \omega = 1,\, \mathrm{T1s} = 2 \text{ 或 } \omega = 1,\, \mathrm{T1s} = 0 \\ 0, & \omega = 0,\, \mathrm{T1s} = 1 \\ 不修改, & 其他 \end{cases} \tag{7-1}
$$

式中，ω 表示当前待嵌入的消息比特。

7.1.2.2　基于码字替换的嵌入方法

基于码字替换的嵌入算法早在 MPEG-2 熵编码域隐写就得到了应用，其基本思想是通过替换 run-level 对应的码字来嵌入密息。

Lin 等[137] 提出了一种码字替换的嵌入算法，该算法选择长度大于阈值的 level-suffix 码字[138] 作为嵌入域，将满足长度要求的 level-suffix 码字中的部分

比特位替换成待嵌消息比特从而实现隐写。这类方法保持了视频码率的稳定，且将嵌入产生的偏移误差限制在可控范围内。

Niu 等[139] 提出了一种结合拖尾系数调制和非零系数幅值码字替换的熵编码域隐写方案，不仅提升了隐写嵌入容量，还较好地保持码率稳定和载体视频的视觉质量。

该方法基于如下两种规则嵌入信息。

（1）规则 1：将三个拖尾系数符号组合成 3bit 长度码字。当嵌入消息为 0 时，则通过修改拖尾系数的符号将该码字调整为偶数码字；当嵌入消息为 1 时，则将码字调整为奇数码字；若码字已满足奇偶性要求，则不修改。

（2）规则 2：对 4 × 4 残差数据进行 CAVLC 熵编码时，对于除拖尾系数外的非零系数，需要对其幅值进行编码，相应码字由前缀和后缀两部分构成。如果某个非零系数幅值的码字后缀和另一个非零系数幅值的码字后缀长度相同，且码字中 "1" 数量的奇偶性相反，则可将其中某个非零系数幅值的码字，替换成另一个非零系数幅值的码字以嵌入消息。

具体来说，嵌入过程可以分为以下几个步骤。

步骤 1：获取 H.264 视频流中 4 × 4 分块非零系数的亮度分量，并确定分块中是否存在拖尾系数，如果存在执行步骤 2，否则跳转至步骤 3。

步骤 2：根据嵌入的消息比特，通过修改拖尾系数的符号来改变码字的奇偶性以嵌入消息，结束该步骤后跳转至步骤 4。

步骤 3：首先判断高频非零系数幅值的码字是否存在可替换的码字，若存在，则替换该系数幅值的码字以嵌入秘密消息，最后转到步骤 4；否则直接转到步骤 4。

步骤 4：确定 4 × 4 残差块编码是否完全遍历，若完成，嵌入结束，否则跳转到步骤 1。

Shobitha 等[140] 提出了类似文献 [139] 的基于码字替换的嵌入算法，明确指出了替换的码字需要满足如下三个基本条件。

（1）码字替换后的码流必须保持符合视频编解码的语法结构，以便能够被标准解码器正确解码。

（2）为了保持视频比特率稳定，替换的码字长度应该与原码字长度相同。

（3）码字替换将不可避免地导致视觉效果下降，但应将影响降到最低。因此，应该尽量减小替换码字与原码字的数值差异。

此外，文献选择了 P 帧内的非零系数幅值码字用于隐写，而保持 I 帧内的非零系数幅值码字不变。因为 I 帧是视频 GOP 中的第一帧，在 I 帧中发生的错误会传播到后续的 B 帧或 P 帧中。

7.1.2.3 基于非零系数修改的嵌入方法

基于非零系数修改的嵌入方法主要通过修改分块的非零量化 AC 系数以嵌入消息。Lin 等[141] 提出自适应截断 4×4 系数分块的最后一个非零量化 AC 系数以嵌入秘密信息，具体的嵌入规则为

$$AC_n = \begin{cases} AC_n, & \text{LSB}(\text{NumAC}_i) = m_i \\ 0, & \text{其他} \end{cases} \quad (7\text{-}2)$$

式中，NumAC_i 表示第 i 个分块中非零量化 AC 系数的个数；AC_n 表示分块量化 AC 系数 zigzag 扫描序列的最后一个非零 AC 系数；m_i 为待嵌入的消息比特。上述嵌入规则可以描述为：若当前分块中非零量化 AC 系数个数的奇偶性与待嵌消息比特的奇偶性一致，则不修改；否则截断最后一个非零量化 AC 系数使两者的奇偶性保持一致。若分块中所有量化 AC 系数值全为 0，则将嵌入方案调整为

$$AC_0 = \begin{cases} AC_0, & m_i = 0 \\ 1, & \text{其他} \end{cases} \quad (7\text{-}3)$$

其中，AC_0 表示分块量化 AC 系数 zigzag 扫描序列的第一个 AC 系数。

在消息提取时，只需要根据当前分块中非零量化 AC 系数的个数的奇偶性就可以提取出秘密消息。

7.1.3 针对性分析方法

针对基于拖尾系数符号修改的隐写方法，You 等[142] 提出了相应的分析检测方法。定义 $\text{Count}_i^{\text{zero, one}=i-\text{zero}}$ 为有 i ($i = 0, 1, 2, 3$) 个拖尾系数码字，且其中包含 zero 个 "0" 码字（对应拖尾系数为正数）、one 个 "1" 码字（对应拖尾系数为负数）的 4×4 系数块的数量。例如，$\text{Count}_3^{\text{zero}=0, \text{one}=3}$ 表示视频检测区间中，含有三个拖尾系数，且均为负数的 4×4 系数块的总个数。实验结果表明，基于拖尾系数符号修改的隐写方法调制后的视频，对于 $\text{Count}_i^{\text{zero, one}=i-\text{zero}}$ 构成的频数分布直方图，(zero = a, one = b) 和 (zero = b, one = a) 的值对有一定的均衡趋势。该特性可以用作隐写分析的识别特征，使用直方图攻击进行定量分析。

7.2 量化参数域隐写

量化参数域隐写算法通过调制 MPEG 视频编码单元的量化参数 Mquant（取值范围为 1~31 之间的整数）嵌入密息。该类算法优点有：首先，只需直接修改条带头部的 5bit Mquant 保留字段，而无须进行重编码，因此嵌入操作不会导致视频文件大小发生变化。其次，在量化参数调制后，宏块中的 DCT 系数和运动

向量之间的相对关系会被基本保留，因此嵌入操作对隐写视频的视觉质量影响较小。此外，因为 Mquant 与运动向量等码流语法元素相互独立，所以可以同时利用多嵌入域以提升负载率。

7.2.1 量化参数次优直方图保持隐写

Wong 等[143] 提出了一种名为次优直方图保持（sub-optimal histogram preserving，SHP）的量化参数调制算法，通过在嵌入过程中拟合量化参数原始分布，降低了对量化参数统计分布的扰动，提升了隐写安全性。该算法的嵌入过程如下。

步骤 1：输入视频流，提取所有的量化参数 Mquant 并且构建 Mquant 的直方图 H_{ori}。

步骤 2：重新遍历视频码流，对于每一个需要修改的 Mquant，构建除当前 Mquant 以外所有已经访问过的 Mquant 的直方图，将此直方图记为 H_{now}。

步骤 3：假设当前 Mquant 的值为 y，则

$$\begin{aligned} \text{LEFT} &= H_{ori}(y-1) - H_{now}(y-1) \\ \text{RIGHT} &= H_{ori}(y+1) - H_{now}(y+1) \end{aligned} \tag{7-4}$$

随后根据式(7-5)计算变量 T：

$$T = \begin{cases} 0.5, & \text{LEFT} < 0 \text{ 且 RIGHT} < 0 \\ 0.5, & \text{LEFT} = 0 \text{ 且 RIGHT} = 0 \\ 0, & \text{LEFT} < 0 \text{ 且 RIGHT} \geqslant 0 \\ 1, & \text{LEFT} \geqslant 0 \text{ 且 RIGHT} < 0 \\ \text{LEFT}/(\text{LEFT} + \text{RIGHT}), & \text{其他} \end{cases} \tag{7-5}$$

步骤 4：随机生成一个位于 $[0, 1]$ 区间内的值 θ，若 $\theta \in [0, T)$，则当前 Mquant 的值减 1；否则当前 Mquant 的值加 1。

按上述步骤，遍历视频码流中的量化参数进行调制，直至信息嵌入完毕。若结合矩阵编码，则可进一步提升嵌入效率（embedding efficiency）。

7.2.2 基于多元回归的 MPEG 隐写

Shanableh 等[144] 也提出了一种基于 MPEG 量化参数调制的视频隐写方法①，其嵌入流程如图 7.1所示。

---

① 该文献同时提出了利用 H.264 标准中灵活宏块排序（flexible macroblock ordering，FMO）模式的嵌入方法。该方法通过宏块所分配的条带组编号与待嵌入密息比特之间（自定义的）映射关系进行调制嵌入，嵌入容量更高。灵活宏块排序模式将空间相邻的宏块划分到不同条带组中，减弱宏块编码间的相关性，从而提高解码端容错率。

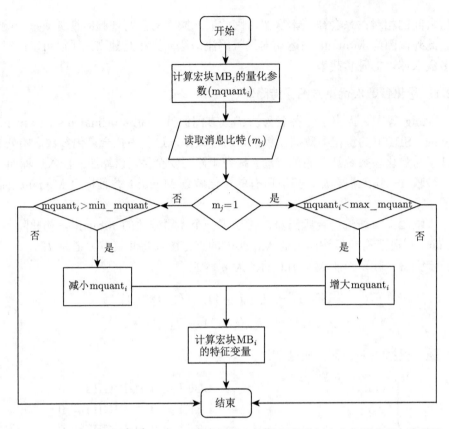

图 7.1　Shanableh 等[144] 所提基于量化参数调制的视频隐写方案的消息嵌入流程图

在嵌入阶段,对于每个已编码的宏块,其量化参数 $mquant_i$ 根据待嵌入消息进行调整。如果嵌入的消息为 0 且 $mquant_i$ 大于最小量化参数值 min_mquant,则减小 $mquant_i$;如果嵌入的消息为 1 且 $mquant_i$ 小于最大量化参数值 max_mquant,则增大 $mquant_i$;如果 $mquant_i$ 与 min_mquant 或 max_mquant 相等,则不进行修改。同时,建立宏块与已嵌入消息比特的预测模型。具体来说,在嵌入过程中,首先,获得基于宏块级特征的矩阵 $\boldsymbol{X}$。$\boldsymbol{X}$ 与三部分属性相关:当前编码宏块所在帧、前序宏块、图像组实际编码位数与预估位数;该宏块的四个原始(即未编码)亮度分块的空域方差;该宏块的量化参数。然后,将 $\boldsymbol{X}$ 多项式扩展为多维特征矩阵 $\boldsymbol{P}$,即,$\boldsymbol{P}$ 为 $\boldsymbol{X}$ 的多阶展开。最后,应用多元非线性回归模型建立 $\boldsymbol{P}$ 与嵌入消息向量 $\boldsymbol{m}$ 间的映射关系。即,以 $\boldsymbol{P}$ 作为输入,将已嵌入的信息 $\boldsymbol{m}$ 作为样本标签,训练映射模型。

在提取阶段,由上述模型依次映射被嵌入的秘密消息即可。

7.3 编码块模式域隐写

编码块模式（CBP）是 H.264/AVC 标准中宏块层的一个字段，该字段标识了宏块内的亮度和色度分量是否包含了非零的变换系数（详见 2.4.7 节）。

Zhang 等[145] 提出了一种 CBP 域隐写算法。首先将视频流的所有 CBP 字段定义为 $C = (C_1, C_2, \cdots, C_N)$，其中 C_i 的长度为 6bit，最低 4bit 标识亮度分块，最高 2bit 标识色度分块。利用奇偶校验函数 $P(C) = \bigoplus_{i=0}^{3} c_i$ 将 CBP 字段 C 映射到 $\boldsymbol{p} = (p_1, p_2, \cdots, p_N)$，其中 $p_i = P(C_i)$。假设 $\boldsymbol{p}$ 元素之间的修改都是相互独立的，该方法为每个 p_i 计算隐写修改代价，并采用 STC[72] 最小化整体嵌入代价，具体隐写嵌入代价函数设计如下所述。

给定一个 CBP 字段 C_i $(i = 1, 2, \cdots, N)$ 的亮度分块标识比特 $c_j^{(i)}$ $(j = 0, 1, 2, 3)$，如果将值为 1 的 $c_j^{(i)}$ 修改为 0，那么对应的 8×8 亮度块中的非零变换系数将被忽略，这样虽然可以节省编码开销，但会导致重建视频的视觉质量下降；如果将值为 0 的 $c_j^{(i)}$ 修改为 1，虽然可以保持重建视频的视觉质量，但要对 64 个额外的零系数进行熵编码，这将不可避免地产生额外的编码开销。此外，修改 $c_j^{(i)}$ 也将影响编码 C_i 所需的比特数。因此，修改 $c_j^{(i)}$ 会同时影响视频的视觉质量和压缩编码效率。基于上述分析，通过综合考虑 CBP 调制对视频视觉质量和编码效率造成的影响，将调制修改 $c_j^{(i)}$ 造成的隐写扰动（记作 $\Psi(C_i, c_j^{(i)})$）定义为宏块率失真代价的变化量。此时，率失真代价定义如下：

$$J = \text{Distortion} + \lambda \cdot \text{Rate} \tag{7-6}$$

式中，Distortion 采用误差平方和（SSD，见式 (2-10)）反映原始宏块和相应重建宏块亮度像素值的失真大小；λ 为编码效率与视觉失真的自定义控制权重；Rate 代表编码当前宏块所需的编码比特数。

根据上述分析，将宏块 $\boldsymbol{S}$ 的 CBP 字段 C 的隐写嵌入代价定义为

$$\gamma = \begin{cases} \min\left\{\Psi(C, c_i) \,|\, i = 0, 1, 2, 3\right\}, & \boldsymbol{S} \text{为帧间编码宏块} \\ \infty, & \text{其他} \end{cases} \tag{7-7}$$

7.4 可 逆 隐 写

隐写嵌入对载体造成的扰动对于人类视听觉感官系统而言一般不可区分。然而，在通常情况下，对载体造成的隐写扰动为永久性的，并不可逆，即使提取出所嵌信息，也难以完全消除隐写扰动从而将载体恢复至信息嵌入前的原始状态。对于某些特殊的应用场景（如军事或医疗领域），向载体数据引入的轻微扰动将

对其应用价值造成不可忽略的影响。因此，对于这些应用场景，不仅需要正确提取所嵌信息，还要求将载体完全恢复至消息嵌入前的原始状态。为了满足这一需求，可逆（reversible）隐写（又称为无损隐写）技术应运而生，成为信息隐藏领域的研究热点之一。经过 20 余年的发展，可逆隐写技术已在图像认证（image authentication）、医学图像处理、视频差错隐藏（error concealment）等方面得到了广泛应用[146]。

目前，有关可逆隐写技术的研究成果主要集中于静态图像，如何设计适用于视频载体的可逆隐写方案，仍具有较大研究空间。现有可逆视频隐写方案通常采用直方图平移（histogram shifting）[147]、差值扩展（difference expansion）[148]等可逆隐写领域的成熟技术，以无损方式对视频像素或码流语法元素进行调制修改。以下分别简要介绍基于直方图平移和基于差值扩展的可逆视频隐写。

7.4.1　基于直方图平移的可逆视频隐写

直方图平移是可逆隐写领域的常用技术之一。采用该技术进行消息嵌入的一般流程为：首先，计算载体元素的直方图；其次，对直方图中的特定区域进行平移，生成空白区域；最后，通过调制直方图中的其他区域对产生的空白区域进行填充，从而完成消息嵌入。直方图平移技术原理简单，实用高效，被广泛用于设计针对不同类型载体的可逆隐写方案[149–153]。

在 Xu 等[151] 的工作中，他们基于直方图平移技术，提出了一种用于 H.264 视频帧内差错隐藏的可逆隐写方案。如图 7.2所示，给定四个空域相邻宏块，以循环嵌入方式，将用于当前宏块差错隐藏的信息①嵌入其相邻宏块（称为宿主宏块）

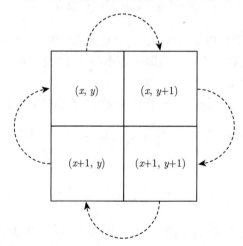

图 7.2　宏块差错隐藏信息的循环嵌入方式

---

① 为了简化描述，这里不对用于差错隐藏的数据或信息展开详细讨论。

中，即，将位于 (x,y)、$(x,y+1)$、$(x+1,y)$ 和 $(x+1,y+1)$ 的宏块的差错隐藏信息分别嵌入位于 $(x,y+1)$、$(x+1,y+1)$、(x,y) 和 $(x+1,y)$ 的宏块中。

给定当前待嵌信息比特 b 和相应的宿主宏块 H，该方法通过调制 H 的量化变换系数（以下简称量化系数）直方图从而嵌入 b，具体步骤如下。

步骤 1：预处理。选择 H 中的第 i 个 4×4 子块 B_i，按照 zigzag 扫描顺序，得到 16 个量化系数 $c_i(k)$ $(k = 0, 1, \cdots, 15)$。

步骤 2：分块可用性判定。若直流系数 $c_i(0)$ 或第一个交流系数 $c_i(1)$ 不为零，则执行步骤 3；否则跳转至步骤 1。

步骤 3：嵌入区域构建。选择 B_i 中索引位于区间 $[T, 15]$ 内的中高频量化系数构成嵌入区域 $R_i = \{c_i(k) \,|\, k \in [T, 15]\}$，其中

$$
T = \begin{cases}
3, & c_i(0) < 1 \\
4, & 1 \leqslant c_i(0) \leqslant 5 \\
5, & 6 \leqslant c_i(0) \leqslant 10 \\
6, & 11 \leqslant c_i(0) \leqslant 20 \\
7, & c_i(0) \geqslant 21
\end{cases} \tag{7-8}
$$

步骤 4：量化系数直方图调制。选择嵌入区域 R_i 中出现频数较高的两个数值，记作 T_n 和 T_p，且满足 $T_n < T_p$。对于 $\forall c \in R_i$，根据预设参数 β，按照如下方式对其进行调制。

（1）若 $c < T_n - \beta$ 或 $c > T_p + \beta$，则将 c 向左或向右移动 $\beta + 1$ 个单位，即

$$
c' = \begin{cases}
c - (\beta + 1), & c < T_n - \beta \\
c + (\beta + 1), & c > T_p + \beta
\end{cases} \tag{7-9}
$$

（2）若 $T_n - \beta \leqslant c \leqslant T_n$ 或 $T_p \leqslant c \leqslant T_p + \beta$，则对其进行如下调制以嵌入 b，即

$$
c' = \begin{cases}
c - (T_n - c), & T_n - \beta \leqslant c \leqslant T_n \text{ 且 } b = 0 \\
c - (T_n - c) - 1, & T_n - \beta \leqslant c \leqslant T_n \text{ 且 } b = 1 \\
c + (c - T_p), & T_p \leqslant c \leqslant T_p + \beta \text{ 且 } b = 0 \\
c + (c - T_p) + 1, & T_p \leqslant c \leqslant T_p + \beta \text{ 且 } b = 1
\end{cases} \tag{7-10}
$$

（3）若 $T_n < c < T_p$，则不对其进行调制，即 $c' = c$。

由上述消息嵌入的流程步骤可知：嵌入完成后，嵌入区域中位于区间 $Z_n = [T_n - 2\beta - 1, T_n]$ 或区间 $Z_p = [T_p, T_p + 2\beta + 1]$ 内的量化系数被用于负载消息数据。因此，可按照如下方式进行消息提取。

（1）若 $c' \in \boldsymbol{Z}_n$，则

$$b = \begin{cases} 0, & \mathrm{mod}\,(T_n - c', 2) = 0 \\ 1, & \mathrm{mod}\,(T_n - c', 2) = 1 \end{cases} \tag{7-11}$$

（2）若 $c' \in \boldsymbol{Z}_p$，则

$$b = \begin{cases} 0, & \mathrm{mod}\,(c' - T_p, 2) = 0 \\ 1, & \mathrm{mod}\,(c' - T_p, 2) = 1 \end{cases} \tag{7-12}$$

消息提取完成后，对于嵌入区域中的任意量化系数 c'，按照如下方式将其恢复至消息嵌入前的原始值。

（1）若 $c' < T_n - 2\beta - 1$ 或 $c' > T_p + 2\beta + 1$，则将 c' 向右或向左移动 $\beta + 1$ 个单位，即

$$c = \begin{cases} c' + (\beta + 1), & c' < T_n - 2\beta - 1 \\ c' - (\beta + 1), & c' > T_p + 2\beta + 1 \end{cases} \tag{7-13}$$

（2）若 $c' \in \boldsymbol{Z}_n$ 或 $c' \in \boldsymbol{Z}_p$，则

$$c = \begin{cases} c' + \lfloor (T_n - c')/2 \rfloor, & c' \in \boldsymbol{Z}_n \text{ 且 } \mathrm{mod}\,(T_n - c', 2) = 0 \\ c' + \lfloor (T_n - c')/2 \rfloor + 1, & c' \in \boldsymbol{Z}_n \text{ 且 } \mathrm{mod}\,(T_n - c', 2) = 1 \\ c' - \lfloor (c' - T_p)/2 \rfloor, & c' \in \boldsymbol{Z}_p \text{ 且 } \mathrm{mod}\,(c' - T_p, 2) = 0 \\ c' - \lfloor (c' - T_p)/2 \rfloor - 1, & c' \in \boldsymbol{Z}_p \text{ 且 } \mathrm{mod}\,(c' - T_p, 2) = 1 \end{cases} \tag{7-14}$$

（3）若 $T_n < c' < T_p$，则 $c = c'$。

实验结果表明，相比 Chung 等[149] 所提方法，采用上述可逆隐写方案进行 H.264 视频帧内差错隐藏，不仅具备更高的灵活性（例如，可通过调节 β 控制嵌入容量），能够获得良好的视觉保真度，还可达到更理想的帧内差错隐藏效果。

7.4.2　基于差值扩展的可逆视频隐写

差值扩展是可逆隐写领域的一种常用技术。此处以 Tian[148] 所提方案为例，描述采用差值扩展技术进行消息嵌入的主要步骤。给定像素对 (p, q)，通过计算 $l = \lfloor (p + q)/2 \rfloor$ 和 $h = q - p$ 分别得到它们的整数平均和差值。为了嵌入消息比特 $b \in \{0, 1\}$，可通过保持整数平均 l 不变，并将差值 h 扩展成 $h^* = 2h + b$。基于原始整数平均 l 和扩展后的差值 h^*，可通过如下方式对像素 (p, q) 进行调制：

$$\begin{cases} p' = l - \lfloor h^*/2 \rfloor \\ q' = l + \lfloor (h^* + 1)/2 \rfloor \end{cases} \tag{7-15}$$

由以上描述可知，经过扩展的像素对差值 h^* 的最低有效比特位被用于负载消息数据。因此，进行消息提取时，计算像素对 (p', q') 的差值，所得结果的最低有效

比特位即为嵌入的消息比特，即 $b = \text{LSB}(q' - p')$。消息提取完成后，可按照如下方式将像素对 (p', q') 恢复至各自相应的原始值：

$$\begin{cases} p = l' - \lfloor h'/2 \rfloor \\ q = l' + \lfloor (h'+1)/2 \rfloor \end{cases} \tag{7-16}$$

式中，$l' = \lfloor (p' + q')/2 \rfloor$；$h' = \lfloor (q' - p')/2 \rfloor$。

预测误差扩展[154]（prediction error expansion）是差值扩展技术的改进，通过对像素和相应预测子（predictor）之间的差值进行扩展以嵌入信息，具有更大的嵌入容量。给定像素 p 和相应预测子 $\hat{p}$，采用预测误差扩展进行消息嵌入的一般流程为：首先，计算 p 的预测误差 $e = p - \hat{p}$；其次，将 e 扩展为 $e^* = 2e + b$，使得经过扩展的预测误差的最低有效比特位用于负载消息比特 b；最后，根据 e^*，将像素 p 调制为 $p' = \hat{p} + e^*$。提取消息时，首先，确定当前像素 p' 的预测子 $\hat{p}$，其必须和嵌入阶段所用的预测子相同；其次，计算预测误差 $p' - \hat{p}$，所得结果的最低有效比特位即为嵌入的消息比特，即 $b = \text{LSB}(p' - \hat{p})$。消息提取完成后，通过计算 $p = p' - \lceil (p' - \hat{p})/2 \rceil$ 即可将当前像素 p' 恢复至消息嵌入前的原始值。

Vural 等[153] 提出了一种结合预测误差扩展和直方图调制的可逆视频隐写方案。给定当前视频帧中的 N 个像素 p_i $(i = 1, 2, \cdots, N)$，有关消息嵌入的具体步骤如下。

步骤 1：预测误差计算。确定 p_i 的预测子 $\hat{p}_i$，并计算相应的预测误差 $e_i = p_i - \hat{p}_i$。

步骤 2：预测误差扩展和直方图调制。对于所得的预测误差 e_i $(i = 1, 2, \cdots, N)$，根据预设参数 T，按照如下方式对其进行调制：

$$e_i' = \begin{cases} 2e_i + b, & e_i \in [-T, T) \\ e_i - T, & e_i \in (-\infty, -T) \\ e_i + T, & e_i \in [T, +\infty) \end{cases} \tag{7-17}$$

式中，b 表示待嵌消息比特。

步骤 3：像素值调制。根据预测误差 e_i'，将相应像素 p_i 调制为 $p_i' = \hat{p}_i + e_i'$。

由上述消息嵌入的流程步骤可知：嵌入完成后，位于区间 $[-2T, 2T-1]$ 中的预测误差被用于负载消息数据。给定调制后的像素值 p_i' $(i = 1, 2, \cdots, N)$，有关消息提取和原始像素值恢复的具体步骤如下。

步骤 1：预测误差计算。确定嵌入阶段所用的预测子 $\hat{p}_i$，并计算相应的预测误差 $e_i' = p_i' - \hat{p}_i$。

步骤 2：消息提取。若 $e_i' \in [-2T, 2T-1]$，则按照如下方式进行消息提取：

$$b = e_i' - 2 \left\lfloor \frac{e_i'}{2} \right\rfloor \tag{7-18}$$

步骤 3：原始像素值恢复。按照如下方式将 p'_i 恢复至消息嵌入前的原始值。

（1）若 $e'_i \in [-2T, 2T-1]$，则

$$p_i = p'_i - \left\lfloor \frac{e'_i}{2} \right\rfloor - b \tag{7-19}$$

（2）若 $e'_i \in [2T, +\infty)$，则

$$p_i = p'_i - T \tag{7-20}$$

（3）若 $e'_i \in (-\infty, -2T)$，则

$$p_i = p'_i + T \tag{7-21}$$

7.5　空域鲁棒隐写

空域视频隐写算法通常先将待嵌视频解码至空域，直接修改视频帧空域像素值以嵌入秘密消息，随后重新编码成压缩视频。由于视频压缩编码会导致无法正确提取和恢复所嵌信息，因此，通常采用纠错码技术和重复嵌入等手段，增强空域视频隐写的鲁棒性，降低消息提取的误码率。空域视频隐写算法的优点在于实现简单，通常可以借鉴图像隐写的成熟算法。此外，相比于压缩域视频隐写算法，空域鲁棒隐写算法通常能够抵抗视频转码等处理，且不受限于视频编码格式。然而，其缺点在于，为了抵抗视频转码等处理，通常会对视频像素的时空相关性造成较大程度的扰动，从而无法抵抗专用隐写分析方法的检测。

7.5.1　基于自适应奇异值调制的抗转码视频隐写

早期的空域视频隐写算法主要涉及最低有效比特位匹配[3,155]、量化索引调制[4,5]、扩频[6-8] 等。其中基于扩频的空域视频隐写方法最为常见，如管萌萌等[156] 提出的基于自适应奇异值调制（singular value decomposition，SVD）的抗转码视频隐写算法。作者首先结合了视频压缩编码特性，提出 DWT-SVD 域的自适应嵌入框架。然后，在此框架下，设计了基于块亮度和纹理复杂度的自适应量化步长调整策略。最后，针对隐写嵌入产生的帧内块效应和帧间闪烁效应，分别提出了相应的缓解措施。其嵌入过程如图 7.3所示。

为了使嵌入算法具有良好的视觉不可感知性和较强的鲁棒性，通常需要考虑人眼的视觉特征。即在保证视觉不可感知性的基础上，自适应改变 SVD 的量化步长，兼顾鲁棒性和视觉质量保持方面的需求。文献主要根据图像亮度、纹理复杂度确定每一个视频帧分块的量化步长，在保证鲁棒性的同时缓解了帧内块效应。此外，通过设立调整平滑帧，对相邻消息帧之间的亮度跳变进行缓冲，缓解了帧

间闪烁效应。相较于之前同类算法，该算法不仅具有充足的嵌入容量，并且在鲁棒性和安全性方面得到了较大提升。实验结果表明，该算法能够在一定程度上抵抗视频转码处理等操作。

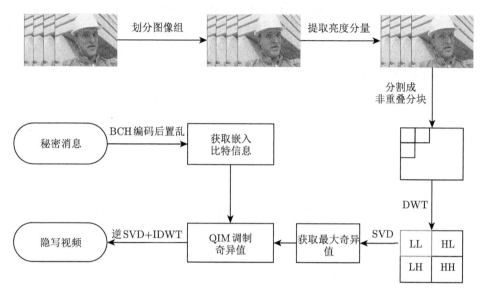

图 7.3　管萌萌等[156] 所提基于最大奇异值调制的抗转码视频隐写方案的消息嵌入流程

7.5.2　针对性分析方法

针对空域视频隐写分析技术的研究起步较早，研究成果较多。Budhia 等[11, 12] 提出可采用合谋（collusion）思想发动时域帧攻击（temporal frame attack）以检测空域视频隐写。Kancherla 等[14] 将 Budhia 等[11,12] 提出的线性合谋方法与图像隐写分析特征[157] 相结合，在此基础上设计了基于时间和空间冗余的空域视频隐写分析方法。Zhang 等[18] 提出了一种基于频谱混叠效应的空域视频隐写分析方法。他们对相邻视频帧之差进行特征提取，并认为该信号是由对应的载体视频帧之差及隐写嵌入共同造成的。在此基础上，他们通过该信号的概率质量函数设计了三维散点分布图，并基于 z 轴数据计算频谱混叠特征。Wang 等[13] 首先证明相比描述帧内相关的像素值差分，采用预测残差帧对像素时域相关性进行描述，能够获得更加稳定的统计特性，从而更有利于空域视频隐写分析。此外，他们认为预测残差帧相比合谋具有更加广阔的应用范围。在此基础上，他们通过综合考虑时域和空域冗余，采用预测残差帧设计了类似差分像素邻接矩阵[158] 的基于相邻残差差值统计特性的 SPEAM（subtractive prediction error adjacency matrix）隐写分析特征。

Xu 等[159] 受到图像隐写分析领域空域富模型特征[23] 设计思想的启发，认为空域视频隐写嵌入操作会不可避免地对视频像素值的多种统计特性造成不同程度的扰动，只要充分挖掘相邻像素间的邻域相关性就能有效检测任何空域视频隐写算法。在此基础上，他们通过对各种邻接结构中像素间的相互依赖关系进行挖掘和描述，提出了一种空域相邻像素相关性衡量方法。对于图像（视频帧）中的每个 $N \times N$ 的像素区域，可以获得其中 M 个像素的 R 种邻接结构，其中 $M = 3, 4, \cdots, N \times N$。例如，在视频帧中的任意 3×3 像素区域中，三个像素的邻接结构类型共有 20 种，如图 7.4所示。

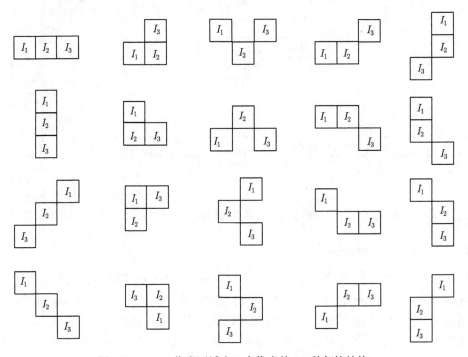

图 7.4 3×3 像素区域中三个像素的 20 种邻接结构

对于不同的 N 和 M 取值下的每一种邻接结构，计算其中相邻像素间差值的联合概率分布矩阵，可构成针对空域视频隐写的通用分析特征集。此特征空间的维数较高，在实际应用中可使用其子集或降维技术缓解该局限性。

视频隐写不仅会对帧内相邻像素的相关性造成扰动，还可能影响帧间相邻像素的相关性。因此，除帧内特征外，该方法还考虑从帧间进行特征提取以提高检测性能。如图 7.5所示，将视频序列三维信号沿着 xOt 和 yOt 两个平面的方向进行平行切片，其中，x, y, t 分别表示视频帧的水平方向、竖直方向和时序方向，xOy 表示视频帧所在的平面。对于每个切片，应用上述方法，分析（帧间）邻接结构中像素间的相互依赖关系。从此类切片中提取特征的最大优点是：若摄像机静止，则该切片与视频背景相关的子区域将较为平滑，容易检测到隐写修改造成的扰动。

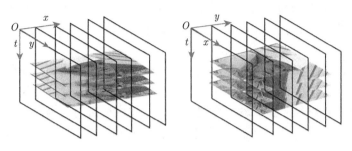

图 7.5　视频序列不同方向切片示意图

7.6　共享软件的独特隐写方法

7.6.1　MSU StegoVideo

MSU StegoVideo[9] 是一款基于空域视频隐写算法、能够在 AVI 格式视频中隐藏任意格式消息文件的隐写软件，由莫斯科国立大学图形与媒体实验室的视频小组开发，并于 2006 年首次推出。MSU StegoVideo 采用了一种抗压缩能力较强的隐藏算法，同时使用了维特比（Viterbi）卷积码对秘密信息进行纠错编码，是一款可以有效抵抗压缩转码处理的公开视频隐写软件。MSU StegoVideo 操作界面如图 7.6所示。

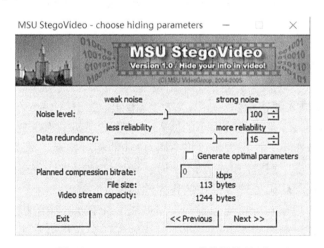

图 7.6　MSU StegoVideo 软件操作界面

利用 MSU StegoVideo 进行视频隐写的一般步骤如下。

步骤 1：选择原始视频、待嵌信息及所生成隐写视频的路径，并设置是否在隐藏后压缩视频。

步骤 2：选择隐藏参数噪声等级（noise level）和数据冗余度（data redundancy），前者取值范围为 [30, 200]，后者取值范围为 [2, 19]；获取软件自动生成的密钥，用于从含密视频中提取秘密信息。

步骤 3：若选择了压缩视频，则会要求选择视频压缩格式。软件会列出本地计算机中已经安装的编解码器，用于压缩视频。消息提取时，先选择含密视频以及消息文件保存路径，之后输入提取密钥即可完成秘密消息提取。

作为一款可公开获取并被广泛使用的视频隐写软件，MSU StegoVideo 具有如下优点。

（1）嵌入强度可调节。能够较好满足用户对安全性的不同需求。

（2）算法复杂度低。嵌入和提取复杂度较低，能够满足实时性处理需求。

（3）易用性高。软件界面简洁友好，无须复杂参数设置，易于上手，适合无相关专业背景的普通用户使用。

然而，MSU StegoVideo 存在如下缺点。

（1）仅支持 AVI 格式视频文件。该软件需要在 AVI 文件头嵌入少量辅助信息，暂不支持其他封装格式的视频文件。

（2）版本更新缓慢。该软件所用算法不公开，开发团队对软件版本的更新升级缓慢。

虽然 MSU StegoVideo 可供自由下载使用，但其采用的隐写算法和源代码尚未公开。研究人员通过对该软件生成的隐写视频进行观察分析，总结了该软件的一些特性。

通过对隐写视频与原始视频的 YUV 序列进行对比，可以发现：隐写视频帧与原始视频帧的 Y（亮度）分量差值图像在视觉上存在棋盘格分布特征（图 7.7），然而，在 U 和 V（色度）分量中并未出现这种特征。由此可知，该软件仅在视频帧的 Y 分量中嵌入秘密消息。由图 7.7可以看出，MSU StegoVideo 构造了一种特殊的具有 32×32 像素分块大小的嵌入分布模式，其中的四个 16×16 块构成了一种棋盘格分布模式，根据棋盘格中黑/白块的相对位置，呈现出如图 7.8所示的两种棋盘格分布。MSU StegoVideo 通过采用这种棋盘格分布的嵌入模式从而增强算法抵抗视频转码处理等操作的鲁棒性。

通过进一步观察和分析可以发现，MSU StegoVideo 中的棋盘格分布模式按照 32×32 像素块顺序紧密排列；此外，该软件还会对棋盘格边界进行细微的自适应调整，进一步增强隐写隐蔽性，并在一定程度上减弱嵌入引起的块效应。

通过以上分析可知，MSU StegoVideo 采用的隐写方法类似视频扩频水印算法。首先对秘密信息进行加密和纠错编码形成待嵌数据，然后在亮度域通过特殊的棋盘格分布模式进行逐帧叠加。在嵌入过程中，通过调节嵌入强度和数据冗余度参数来抵抗压缩和滤波等信号处理操作。此外，通过文件头格式检测发现，该软件会在 AVI 文件头的某些标志位嵌入少量辅助信息，但去除这些辅助信息，对秘密消息的提取影响不大。

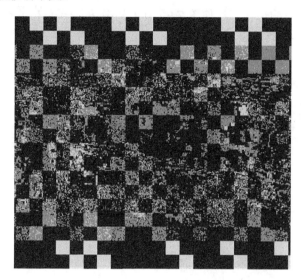

图 7.7　隐写视频帧和未隐写视频帧亮度分量差值灰度图

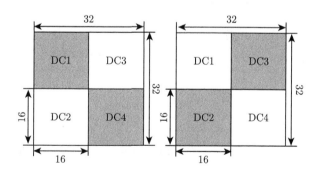

图 7.8　MSU StegoVideo 的两种棋盘格分布嵌入模式

　　由于经过 MSU StegoVideo 处理的载体视频在亮度分量中存在明显的棋盘格分布模式，而未隐写视频中并不存在这种分布模式，因此，可以通过对这种特殊的棋盘格分布模式的存在性进行检测，从而判断待测视频是否经过了隐写。Zhang 等[160] 提出了基于相邻帧差分图像的棋盘格分布模式检测方法。然而，在视频序列存在镜头全局运动以及视频局部运动的情况下，相邻帧之间的差异性增大，会在很大程度上影响检测效果。为了提高针对 MSU StegoVideo 的隐写分析性能，

Ren 等[161] 提出以合谋帧作为待测帧的估计帧，进而对估计帧与待测帧之间的差分图像进行棋盘格分布模式检测。他们采用基于下采样块匹配的帧间合谋方法获得原始视频帧的近似估计，降低镜头全局运动所造成的（对于待测帧的）误判。此外，他们还提出了弃块处理机制，减少了视频帧内运动剧烈区域引入的检测误差。他们所提分析方案的总体流程如图 7.9所示，其中 R 为棋盘格分布模式检测率，T 为隐写判定阈值。

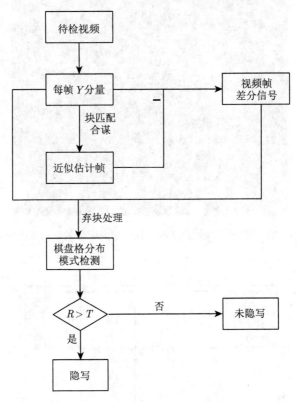

图 7.9　Ren 等[161] 所提针对 MSU StegoVideo 的隐写分析方案流程

　　有关 Ren 等[161] 所提针对 MSU StegoVideo 隐写分析方案的具体技术细节，介绍如下。

7.6.1.1　基于下采样的块匹配帧间合谋

　　帧间合谋（collusion）可以看作是一种视频校准方法，用于获取原始视频帧的近似估计。采用基于宏块的运动估计技术可以设计一种基于下采样的块匹配帧间合谋算法。假设合谋窗口大小为 $2L+1$，当前帧为 G_k（亮度分量矩阵），与之

相邻的前后 L 帧为合谋参考帧，则帧间线性合谋之后得到的估计帧为

$$
G'_k = \begin{cases}
\dfrac{1}{2L+1} \displaystyle\sum_{i=1}^{2L+1} G_i, & 1 \leqslant k \leqslant L \\[3mm]
\dfrac{1}{2L+1} \displaystyle\sum_{i=k-L}^{k+L} G_i, & L < k \leqslant N-L \\[3mm]
\dfrac{1}{2L+1} \displaystyle\sum_{i=N-2L}^{N} G_i, & N-L < k \leqslant N
\end{cases} \tag{7-22}
$$

式中，N 表示待检测视频包含的视频帧数量。

上述基础帧间线性合谋利用了相邻视频帧之间的强相关性，基于当前帧和前后若干帧取平均来完成对原始视频帧的近似估计。然而，对于运动信息丰富的场景，简单的线性合谋效果不甚理想，无法对原始视频帧进行准确估计。针对此局限性，可以利用基于宏块的运动估计技术对上述方法进行改进，将当前帧中各宏块在合谋参考帧中对应的最佳匹配块直接拼合为当前帧的估计帧，替换相应的合谋参考帧。

此外，为了抑制隐写噪声对宏块匹配造成的影响，可以采用降分辨率的下采样块匹配算法。首先将当前帧和参考帧作下采样处理，如图 7.10 所示，每四个采样点取平均得到一个新的像素值作为处理后的采样值。

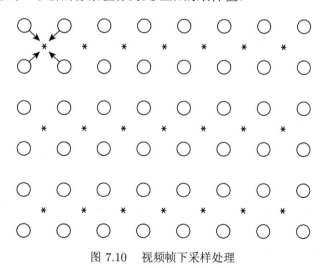

图 7.10   视频帧下采样处理

下采样后得到的采样帧分辨率降为采样前的 1/4，使用当前帧和参考帧的下采样帧进行运动估计得到每个块的初步运动向量（注意下采样后匹配块大小也变为原来的 1/4）。然后将初步运动向量还原到原始分辨率大小（即坐标加倍），最

后进行匹配块精细搜索，搜索范围是该运动向量坐标下采样前的 2×2 像素子块中包含的四个像素点的坐标对应的四个块。采用绝对中位差（median absolute deviation，MAD）衡量这四个块和当前帧中对应块的相似度，相似度最大的即为最终的最佳匹配块。

下采样操作对隐写噪声具有显著的抑制作用，可以较好地减轻其对运动搜索精确度的影响。此外，由于下采样帧分辨率为原来的 1/4，故大幅降低了运动搜索的时间复杂度。

7.6.1.2   棋盘格分布模式检测与弃块处理

根据上述帧间合谋方法，得到原始视频帧的近似估计 G'_k，可进一步计算待测差值信号 P_k：

$$P_k = G_k - G'_k \tag{7-23}$$

将每帧对应的差值信号 P_k 划分成总数为 T_k 的 32×32 像素块单元，逐一对每个像素块单元进行检测。根据当前像素块单元包含的四个 16×16 像素块的直流系数之间的关系，判断它是否具有形如棋盘格的嵌入模式，进而确定该帧中棋盘格分布模式的出现次数。设第 k 帧中第 i 个像素块单元的模式检测状态为 $\mathrm{MODE}_k(i)$ $(1 \leqslant i \leqslant T_k)$：

$$\mathrm{MODE}_k(i) = \begin{cases} 1, & \mathrm{sign(DC1)} = \mathrm{sign(DC4)} \text{ 且 } \mathrm{sign(DC2)} = \mathrm{sign(DC3)} \\ & \text{且 } \mathrm{sign(DC1)} \neq \mathrm{sign(DC2)} \\ 0, & \text{其他} \end{cases} \tag{7-24}$$

式中，DC1，DC2，DC3，DC4 分别表示当前像素块单元中四个 16×16 像素块各自的内部元素值之和，它们之间的相对位置如图 7.8 所示；$\mathrm{sign}\,(x)$ 表示 x 的符号。然后计算每帧的棋盘格分布模式检测率 R_k：

$$R_k = \frac{\sum_{i=1}^{T_k} \mathrm{MODE}_k(i)}{T_k} \tag{7-25}$$

视频帧中的运动剧烈区域会导致块匹配合谋效果变差，从而影响棋盘格分布模式的检测。因此，需要引入弃块处理机制排除这些区域的干扰。定义第 k 帧中第 i 个像素块单元的运动系数为

$$F_k(i) = \left| \frac{P_k(i)}{G_k(i)} \right| \tag{7-26}$$

式中，$1 \leqslant i \leqslant T_k$，$P_k(i)$ 和 $G_k(i)$ 分别表示差值信号和待测视频帧中第 i 个像素块单元内所有元素之和。给定判定阈值 FH_k（可将该帧中所有像素块单元的平均

运动系数作为判定阈值），若 $F_k(i) \geqslant \mathrm{FH}_k$，则认为该像素块单元属于运动剧烈区域，不参与棋盘格分布模式检测率的计算。

得到待测视频每帧的棋盘格分布模式检测率后，计算其平均值作为综合检测率 R。给定判定阈值 T，若 $R > T$，则认为待测视频文件经过了 MSU StegoVideo 处理，否则认为其不含有秘密消息。研究人员经过充分实验，确定了经验阈值 $T = 0.12$[161]。图 7.11 反映了标准测试序列"akiyo.yuv"隐写前后的棋盘格分布模式检测结果。从图中可以看出，视频在经过 MSU StegoVideo 处理后，隐写视频帧的棋盘格分布模式检测率显著高于相应的未隐写视频帧。

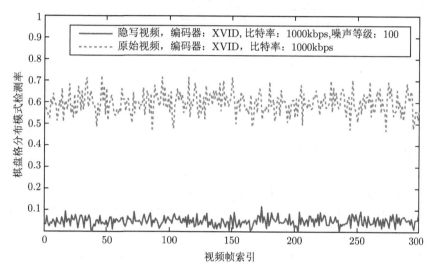

图 7.11　测试视频经过 MSU StegoVideo 隐写前后棋盘格分布模式检测结果

7.6.2　OpenPuff

OpenPuff[20] 是互联网上一款流行的信息隐藏软件。其支持图像、视音频等多种载体类型，还可将同一段信息分段嵌入到不同载体文件中，实用性非常强。OpenPuff 通过修改文件格式中的冗余字段来嵌入信息，其信息隐藏模块可以利用硬件随机数生成器 CSPRNG（cryptographically secure pseudo-random number generator），采用三组线性相关性较低的密钥对明文信息进行三重扰乱加密后再嵌入，拥有隐写和加密双重安全保障。具体地，OpenPuff 支持如下类型载体文件。

（1）图像：BMP、JPG、PCX、TGA、PNG 等。

（2）音频：AIFF、WAV、MP4 等。

（3）视频：3GP、MP4、MPG、VOB 等。

（4）FLASH-Adobe 类：FLV、SWF、PDF 等。

OpenPuff 的软件主界面如图 7.12所示，第一部分是信息隐藏和提取模块；第二部分是水印嵌入、检测和擦除模块；第三部分显示了计算机的 CPU 数量，用户还可以设置软件运行的最大线程数量。

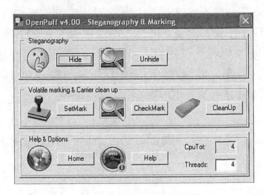

图 7.12　OpenPuff 软件主界面

OpenPuff 软件的信息隐藏模块界面如图 7.13所示。其中，（1）部分需要用户输入三组（8～32 位，可以是字母和数字）线性相关度较低的加密密钥用于待嵌信息加密；（2）部分需要用户指定所需嵌入的消息文件（不超过 256MB），可以是任意可访问的文件；（3）部分用于选择、添加载体文件，软件支持同时添加多个载体文件，并会自动计算出所有载体文件的嵌入容量总和；（4）部分是嵌入率参数设置区域，用户可以设置不同类型载体文件的嵌入率（12%～50%）。当上述设置全部完成后，用户点击"Hide"按钮即可进行隐写嵌入，生成相应的载密文件。

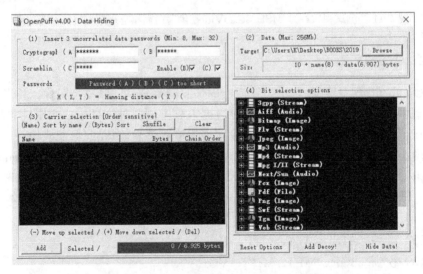

图 7.13　OpenPuff 软件的信息隐藏模块界面

OpenPuff 软件的水印嵌入模块界面如图 7.14所示，只需要用户输入待嵌水印信息（仅支持长度不超过 32 的字符串）并指定载体文件即可。类似信息隐藏模块，该模块也支持对载体文件的最大水印嵌入容量进行预估。水印检测功能用于提取该软件支持的任意格式载体文件所负载的水印数据；水印擦除功能可以抹除载体文件中的水印信息。

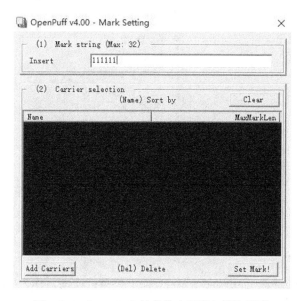

图 7.14   OpenPuff 软件的水印嵌入模块界面

通过对比原始视频与载密视频，可以发现：OpenPuff 采用的隐写嵌入算法与水印嵌入算法相同，区别在于，隐写时会首先对待嵌消息进行加密和置乱，而添加水印时则直接嵌入消息明文；OpenPuff 在对 MPEG、VOB、FLV、MP4、3GP、MOV 等格式的视频进行嵌入时，均采用了修改文件格式冗余字段的方法。这说明可以通过对待测视频的相关文件格式字段进行分析，从而判断其是否经过OpenPuff 隐写，甚至在弱密钥的情况下能够实现对嵌入消息的提取。

下面以 MP4 与 3GP 视频为例，说明针对 OpenPuff 的隐写分析原理。

MP4 是一种常见的多媒体文件格式，主要由数码相机和手机拍摄获取。3GP文件的结构和 MP4 几乎相同，区别在于，3GP 主要用于手机的视频存储和播放，视频内容数据体积相对更小，可以看作是简化版的 MP4 格式。

OpenPuff 对 MP4 与 3GP 格式视频的隐写嵌入利用了文件格式冗余字段。对于 MP4 文件格式，所有数据都存放在 box（也称为 atom）中，可以将 MP4 文件视作由若干个 box 组成。每个 box 还可以嵌套包含多个子 box，这种 box 称为 container box。图 7.15显示了一个典型的 MP4 文件结构树，其中每一个标签都代表一个 box。

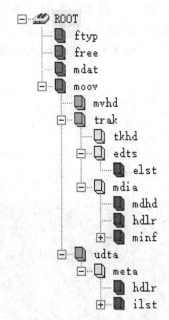

图 7.15　典型的 MP4 文件结构树

一个 MP4 文件头有且只有一个 "ftyp" 类型的 box，作为 MP4 格式的标志并包含关于文件的一些信息。MP4 文件的媒体数据存放在 "mdat"（media data box）类型的 box 中，该类型的 box 是 container box，可以存在多个，也可以没有（当媒体数据全部引用其他文件时）。"free" 类型的 box 并不是必需的，删除后对视频的播放没有任何影响，也可以随意写入其他信息。"moov"（movie box）类型的 box 是一种 container box，其包含若干子 box，这些子 box 共同描述了媒体播放必需的元数据（metadata），例如，"mvhd"（movie header）包含了媒体的创建与修改时间、默认音量、时长、播放速率等信息。

box 的结构如图 7.16 所示，其中包括 box 大小、类型、版本号、标志符和其他数据。其他数据根据 box 类型不同会有所变化，同时也可以是嵌套的子 box 数据。

通过对比原始视频和相应载密视频，可以排除 OpenPuff 利用 "free" box 嵌入消息的可能。主要原因是：通常情况下，MP4 文件的 "free" box 都是置空的，直接添加待嵌数据很容易被发现，隐蔽性较低。

如图 7.17所示，通过对比原始视频与载密视频（嵌入字符串 "1111111"）的二进制文件，可以发现：两者的主要差异在于 box 中的 3 字节标志符不同。从图中可以观察到，载密视频的 "meta" 标签的标志符字段为 "31 31 31"，正是 "111"

的 ASCII 码的十六进制表示，而原始视频的相应字段则全为"00 00 00"。由此可以得出结论：OpenPuff 针对 MP4 格式视频的隐写方法是通过修改 box 头部的 3 字节标志符字段实现的。通过进一步分析发现，被 OpenPuff 用于隐写秘密信息的 box 包括：mvhd、mdhd、hdlr、dref、stsd、stss、stts、stsz、stco、stsc、meta、ctts、stps、esds、sbgp、trex 和 elst 等。3GP 的文件结构与 MP4 基本一致，OpenPuff 使用同样的方式对其进行隐写嵌入，因此相应的分析检测、消息提取方法也与 MP4 文件基本相同。

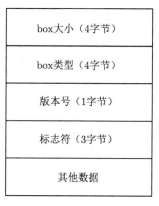

图 7.16　box 的结构

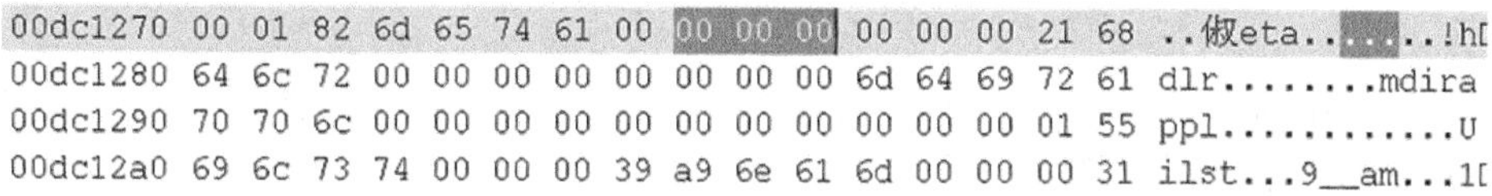

```
00dc1270 00 01 82 6d 65 74 61 00 00 00 00 00 00 00 21 68 ..傲eta.........!h[
00dc1280 64 6c 72 00 00 00 00 00 00 00 00 6d 64 69 72 61 dlr........mdira
00dc1290 70 70 6c 00 00 00 00 00 00 00 00 00 00 01 55 ppl...........U
00dc12a0 69 6c 73 74 00 00 00 39 a9 6e 61 6d 00 00 00 31 ilst...9__am...1[
```
(a) 嵌入前的 MP4 文件

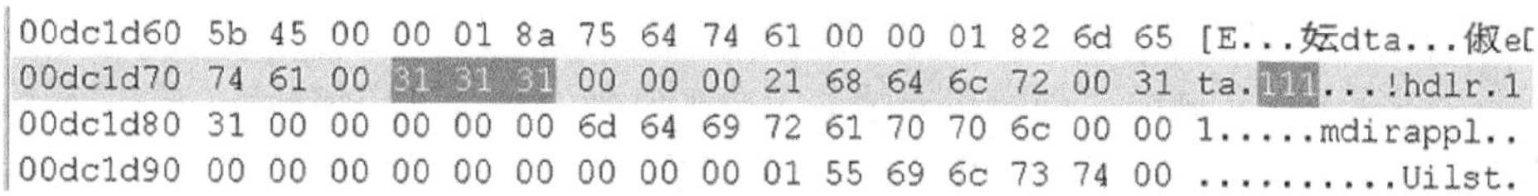

```
00dc1d60 5b 45 00 00 01 8a 75 64 74 61 00 00 01 82 6d 65 [E...妸dta...傲e[
00dc1d70 74 61 00 31 31 31 00 00 00 21 68 64 6c 72 00 31 ta.111...!hdlr.1
00dc1d80 31 00 00 00 00 00 6d 64 69 72 61 70 70 6c 00 00 1.....mdirappl..
00dc1d90 00 00 00 00 00 00 00 01 55 69 6c 73 74 00 .........Uilst.
```
(b) 嵌入后的 MP4 文件

图 7.17　嵌入前后 MP4 文件的二进制对比

7.7　本章小结

本章介绍了其他几种嵌入域的视频隐写和相应的分析方法，包括了熵编码域、量化参数域、CBP 域、空间鲁棒域等。基于上述嵌入域隐写算法的研究虽然相对有限，但为视频隐写提供了全新的思路，在某些应用场景下有其独有的优势与应用价值。熵编码域隐写和量化参数域隐写对视频码率的影响较小，但可能会对视频视觉质量造成较大的扰动。CBP 域隐写易于和自适应隐写框架相结合，能够在提供较大隐写负载率的前提下，有效保持载体视频的视觉质量。空域鲁棒隐写独立于视频编码格式，是一种通用隐写方法，它为基于社交网络有损信道的隐蔽通信提供了解决方案。此外，本章还简要介绍了基于直方图平移和基于差值扩展的可逆视频隐写方案。最后，本章介绍了两种知名的视频隐写软件，详述了它们的使用方法和相应的隐写分析策略。

在未来，对于熵编码域隐写方法，需要从效率和安全性两方面考虑，将嵌入过程与视频编码过程紧密融合，从而尽可能减少嵌入调制对视频质量的影响。还需要提出更有效的熵编码域隐写分析特征，以评估熵编码域隐写算法的安全性。对于空域鲁棒隐写方法，由于其鲁棒性和不可感知性与视频内容直接相关，因此需要设计更加合理的自适应嵌入方法，例如，Mstafa 等[162] 提出了结合多目标跟踪和纠错编码的 DWT-DCT 域鲁棒视频隐写方法。整个嵌入过程可以分成两个阶段：第一阶段，利用多目标跟踪算法获得视频运动区域；第二阶段对运动区域进行变换域嵌入。该方法充分考虑了视频的帧间特性，将秘密消息嵌入到视频中的运动区域，不仅提升了隐写视频的视觉质量，而且通过在运动信息上进行嵌入从而获得更强的鲁棒性，因为视频处理通常会保持视频内容，而不会对运动信息产生明显的修改。此外，可以尝试在更多未被利用的嵌入域设计隐写方法。

7.8　思考与实践

（1）在熵编码域的方法中，为什么只使用拖尾系数来嵌入消息？其他的语法结构能够用于嵌入消息吗？

（2）基于码字替换和基于非零系数的熵编码域嵌入方法为什么难以达到令人满意的嵌入效果？请思考可能存在的解决方案。

（3）基于空间域的视频隐写方法通常会产生帧内分块效应和帧间闪烁效应，请分析这两种视觉效应产生的原因，并提出可能的优化思路。

（4）尝试提出一种基于 CBP 域隐写的隐写分析方法。

（5）请调研一款除书中介绍以外的公开隐写软件，了解其使用流程，推测其隐写方法，并提出相应的检测方法或思路。

第 8 章　其他进展与未来展望

数字视频作为当今最流行的传播媒介，是一种理想的隐写通信载体。因此，视频隐写和视频隐写分析技术吸引了信息隐藏领域研究者的广泛关注，成为该领域的研究热点之一。近年来，有关视频隐写与视频隐写分析的研究并肩发展，硕果累累。

本书主要介绍了视频编解码的基础知识，并对基于常见嵌入域的典型视频隐写算法和相应的针对性隐写分析方法进行了系统阐述。限于篇幅，本书未能涵盖有关视频隐写及视频隐写分析技术的所有研究成果。为了让读者能够更加全面地了解本领域的发展现状和趋势，本章将介绍本领域的部分最新重要进展，并讨论当前存在的问题和未来的发展趋势。

8.1　其 他 进 展

8.1.1　基于多嵌入域的视频隐写技术

当前绝大多数视频隐写算法聚焦于单一隐写嵌入域，只通过对单一码流语法元素进行修改实现密息的嵌入，相比多嵌入域隐写，单嵌入域隐写具有嵌入容量低以及隐写安全性差等局限性。

多域视频隐写算法的设计与实现，主要困难在于各个嵌入域之间会相互影响，表现为修改一种码流语法元素会导致其他码流语法元素也会产生相应改变。针对此问题，Zhai 等[163] 优选了帧间划分模式与运动向量两种嵌入域，提出了一种结合帧间划分模式和运动向量的双嵌入域隐写算法，并设计了顺序嵌入和同步嵌入两种策略来实现秘密信息隐写。

8.1.1.1　顺序嵌入策略

由于修改宏块的帧间划分模式会对相应的运动向量产生影响，反之则不会，因此，顺序嵌入策略先修改宏块的划分模式来嵌入部分密息，待划分模式调制完成后，再修改运动向量进行剩余密息的嵌入。在对帧间划分模式进行隐写修改时，利用 H.264 中宏块的树状结构划分的编码特性，采用 Zhang 等[127] 提出的代价函数衡量划分模式修改对视频编码效率造成的影响，并通过 STC[72,73] 最小化相应的总体嵌入扰动。对运动向量进行隐写修改时，采用 Cao 等[80] 所提代价函数，使得隐写嵌入时尽可能修改那些受到扰动后仍被判定为局部最优的运动向量，从而进一步提升隐写安全性。

8.1.1.2　同步嵌入策略

上述顺序嵌入的方式需要对待嵌入密息进行分段操作，并对修改后的划分模式进行重新编码。作者提出了第二种嵌入策略，能够同时向划分模式域和运动向量域嵌入秘密信息。由于对划分模式进行修改可能会造成相应运动向量发生改变（包括运动向量数量、方向、幅值），例如，将子宏块的 4×8 划分模式修改为 4×4 划分模式后，两个原始运动向量将被四个新运动向量替代，因此，为了避免在对划分模式和运动向量进行调制修改时产生互相影响，应使得针对这两个嵌入域的隐写修改操作彼此独立。在实施同步嵌入时，载体由两部分构成：一部分为子宏块级帧间划分模式；另一部分为宏块级帧间划分模式对应的运动向量和子宏块级帧间划分模式对应的"合并"（merged）运动向量。此外，作者考虑并分析了隐写嵌入过程中子宏块级帧间划分模式和相应"合并"运动向量之间的四种状态（划分模式和运动向量均不变；划分模式不变、运动向量改变；划分模式改变、运动向量不变；划分模式和运动向量均改变），在此基础上通过设计合理的代价函数，从而有效避免了不同类型嵌入域的调制结果出现相互冲突、影响的情况。

8.1.2　针对多嵌入域的视频隐写分析技术

目前绝大多数视频隐写分析技术只能检测单一类型嵌入域下的隐写修改，无法同时对多种不同类型嵌入域下的隐写扰动进行有效分析。主要原因为，不同类型隐写嵌入域的载体元素在统计特性等方面通常差异较大，难以构建一种通用检测模型，使得能够有效反映针对不同类型嵌入域的隐写修改造成的扰动。

Zhai 等[164] 首先在针对多嵌入域的视频隐写分析技术方面进行了有效的尝试，提出了一种能够同时检测运动向量域和帧间预测模式域视频隐写的通用分析方法。

作者认为，相比位于不同宏块的相邻运动向量，位于宏块内部的相邻运动向量之间的相关性较弱。此外，他们通过实验证明，未隐写视频中，小块组（small-block group，详见 Zhai 等[164] 在文章中的说明）内部不同分块的运动向量相等的概率较低，即小块组内部运动向量的一致（consistency）程度较弱。对帧间预测模式或运动向量进行调制修改，均会大幅提高小块组内部运动向量的一致程度。因此，待测视频中小块组内部运动向量的一致程度，可以作为判定帧间预测模式或运动向量是否经过隐写修改的有效证据。在此基础上，他们通过对小块组内部运动向量的一致程度进行合理量化，设计了 12 维隐写分析特征集，在恒定量化参数（constant quantization parameter，CQP）码率控制模式下，针对帧间预测模式域和运动向量域视频隐写，达到了良好的分析检测效果。

相比其他现有的视频隐写分析方法，该特征集具有两方面特点：首先，虽然其只基于一种嵌入域中的码流语法元素（运动向量）进行构建，但可以有效检测两种不同类型嵌入域（帧间预测模式域和运动向量域）下的隐写修改。其次，针对某目标嵌入域训练的基于该特征集的隐写分析分类器，能够直接用于对另一目标嵌入域下的隐写修改进行检测，并达到良好的分析效果。

8.2 未来展望

从隐写和隐写分析的发展历程可知，隐写和隐写分析技术是一对矛盾统一体，相互对立又相互促进，其中一方的突破与创新将为另一方的改进及发展提供灵感与方向。视频隐写和隐写分析技术是多学科多交叉的研究领域，涉及视频压缩编码、数字信号处理、模式识别、机器学习等多个不同方向领域的技术和知识。视频隐写和隐写分析技术之间相辅相成、共同发展的关系使得研究者在研究过程中不能只单独关注其中某个技术领域，而应该齐头并进，在视频隐写的研究中探寻隐写分析的突破口，在视频隐写分析的研究中寻找隐写的可改进之处。目前视频隐写和隐写分析技术尚处于初级发展阶段，依旧有着很大的发展空间。

8.2.1 视频隐写技术的未来发展方向

8.2.1.1 基于最新视频编码技术的隐写技术研究

目前绝大多数视频隐写算法都基于 H.264/AVC 视频编码标准进行实现。随着用户市场需求的进化，视频编码技术快速发展，近年来涌现出了许多优秀的视频编码新技术，如 H.265/HEVC、VP8、VP9、VP10、AV1 等。这些新出现的视频编码技术各有所长，在视频编码效率、视频视觉质量、容错性等方面相较 H.264/AVC 编码标准有较大的提升。它们的视频编码框架更优，且普遍具有更加丰富多样的码流语法元素，为视频隐写提供了更为充足的信息嵌入域。与时俱进地研究基于最新视频编码技术的高性能自适应隐写方法，将成为未来视频隐写研究中的关键工作。

8.2.1.2 鲁棒视频隐写技术研究

目前大多数视频隐写算法在复杂多样的网络传输环境下鲁棒性较差。无论是有意的攻击（例如，视频分享网站对用户上传的视频进行二次压缩编码）还是无意的攻击（例如，视频流经过网络传输时部分数据包丢失）都会不可避免地对载密视频中的码流语法元素造成影响，导致无法正确提取其中嵌入的密息。尽管有关鲁棒视频隐写技术的研究已经取得了有效进展（见 7.5 节），但现有绝大多数鲁棒视频隐写算法只能抵抗实验室等理想场景下的模拟攻击。如何设计并实现适用于实际应用场景的鲁棒视频隐写算法是亟须解决的问题。这不仅需要对目标应用场景和网络环境进行更加深入的研究和分析，还可能需要通过视频伴音等辅助信道进行边信息传输从而增强鲁棒性。

8.2.1.3　基于神经网络的视频隐写技术研究

在当今信息数字化时代，得益于各领域数据量的急剧增长、高性能计算的更新换代和神经网络训练技术的突破提升，神经网络已经成为科研生产的重要工具之一，有效推动了诸多领域的技术创新和研究进展。在信息隐藏领域，已经出现了用于图像隐写的端到端神经网络架构。然而，受制于隐写操作和视频压缩编码相结合的复杂约束，目前尚未出现面向视频隐写任务的神经网络。在综合考虑嵌入区域、负载分配、嵌入容量、视频视觉效果、压缩编码性能、隐写安全性等因素的情况下，如何采用人工智能的方式代替或辅助人类智慧，将神经网络有效应用于视频隐写算法的设计或优化，是未来视频隐写领域的研究重点和主要发展方向。

8.2.2　视频隐写分析技术的未来发展方向

8.2.2.1　高性能视频隐写分析方法的设计

针对不同类型的码流语法元素和视频帧，探寻如何建立合理有效的、对隐写修改敏感的视频压缩编码效率量化模型，使得能够在不同粒度层面对视频压缩编码性能进行衡量，从而为专用和通用高性能视频隐写分析方法的设计打下基础。根据不同类型的码流语法元素和视频帧，探寻如何利用对应的视频压缩编码效率量化模型和最优性判定准则，同时借鉴其他隐写分析领域的特征设计思想或机制，在此基础上进行现有特征的优化改进和新型特征的设计，以此得到具有更高检测性能和鲁棒性的实用型专用及通用视频隐写分析特征。

8.2.2.2　基于先进深度学习模型的视频隐写分析研究

不同于传统机器学习中以人工设计特征分类器作为核心技术，卷积神经网络（convolutional neural network，CNN）等复杂的神经网络，利用海量数据及高性能计算实现自主学习。该领域的发展将使视频隐写分析摆脱分析特征有效性、训练模板匹配度及分类器分类性能的限制，为视频隐写分析开辟新的研究方向。利用先进的深度学习知识及技术，提出全新高效的检测模型是视频隐写分析技术未来的研究与发展方向之一。

8.2.2.3　基于多域嵌入视频隐写分析方法的研究

相比图像隐写分析，目前有关多嵌入域的视频隐写分析技术研究成果屈指可数。事实上，无论何种视频隐写算法，总会不可避免地破坏视频压缩编码的最优性，在一定程度上降低视频的压缩编码效率。根据此合理论断，若能构建一种可准确衡量压缩视频编码效率的度量体系或机制，并通过某种方法近似估算出原始视频在隐写嵌入前的压缩编码效率，则可脱离隐写嵌入域对视频隐写分析的约束，设计出可检测多个嵌入域的通用视频隐写分析方法。

参 考 文 献

[1] Fridrich J. Steganography in Digital Media: Principles, Algorithms, and Applications. Cambridge: Cambridge University Press, 2009.

[2] 赵险峰, 张弘. 隐写学原理与技术. 北京: 科学出版社, 2019.

[3] Mielikainen J. LSB matching revisited. IEEE Signal Processing Letters, 2006, 13(5): 285-287.

[4] Chen B, Wornell G W. An information-theoretic approach to the design of robust digital watermarking systems. Proceedings of the 24th International Conference on Acoustics, Speech, and Signal Processing, 1999: 2061-2064.

[5] Chen B, Wornell G W. Quantization index modulation: a class of provably good methods for digital watermarking and information embedding. IEEE Transactions on Information Theory, 2001, 47(4): 1423-1443.

[6] Cox I J, Kilian J, Leighton F T, et al. Secure spread spectrum watermarking for multimedia. IEEE Transactions on Image Processing, 1997, 6(12): 1673-1687.

[7] Marvel L M, Boncelet C G, Retter C T. Spread spectrum image steganography. IEEE Transactions on Image Processing, 1999, 8(8): 1075-1083.

[8] Hartung F, Girod B. Watermarking of uncompressed and compressed video. Signal Processing, 1998, 66(3): 283-301.

[9] MSU StegoVideo, a unique tool for hiding information in video. https://www. compression.ru/video/stego_video/index_en.html[2020-02-20].

[10] Hamming R W. Error detecting and error correcting codes. The Bell System Technical Journal, 1950, 29(2): 147-160.

[11] Budhia U, Kundur D. Digital video steganalysis exploiting collusion sensitivity. Sensors, and Command, Control, Communications, and Intelligence, 2004: 210-221.

[12] Budhia U, Kundur D, Zourntos T. Digital video steganalysis exploiting statistical visibility in the temporal domain. IEEE Transactions on Information Forensics and Security, 2006, 1(4): 502-516.

[13] Wang K, Han J, Wang H. Digital video steganalysis by subtractive prediction error adjacency matrix. Multimedia Tools and Applications, 2014, 72(1): 313-330.

[14] Kancherla K, Mukkamala S. Video steganalysis using motion estimation. Proceedings of the 9th International Joint Conference on Neural Networks, 2009: 1510-1515.

[15] Vinod P, Doërr G, Bora P. Assessing motion-coherency in video watermarking. Proceedings of the 8th Workshop on Multimedia and Security, 2006: 114-119.

[16] Pankajakshan V, Ho A T. Improving video steganalysis using temporal correlation. Proceedings of the 3rd International Conference on Intelligent Information Hiding and Multimedia Signal Processing, 2007: 287-290.

[17] Pankajakshan V, Doërr G, Bora P K. Detection of motion-incoherent components in video streams. IEEE Transactions on Information Forensics and Security, 2009, 4(1): 49-58.

[18] Zhang C, Su Y. Video steganalysis based on aliasing detection. Electronics Letters, 2008, 44(13): 801-803.

[19] VideoLAN-x264, the best H.264/AVC encoder. http://www.videolan.org/developers/x264.html[2020-02-20].

[20] OpenPuff, a professional steganography tool. https://embeddedsw.net/OpenPuff_Steganography_Home.html[2020-02-20].

[21] Wiegand T, Sullivan G J, Bjontegaard G, et al. Overview of the H.264/AVC video coding standard. IEEE Transactions on Circuits and Systems for Video Technology, 2003, 13(7): 560-576.

[22] Steganography: how al-Qaeda hid secret documents in a porn video. http://arstechnica.com/business/2012/05/steganography-how-al-qaeda-hid-secret-documents-in-a-porn-video[2020-02-20].

[23] Fridrich J, Kodovsky J. Rich models for steganalysis of digital images. IEEE Transactions on Information Forensics and Security, 2012, 7(3): 868-882.

[24] 张弘, 尤玮珂, 赵险峰. 视频隐写分析技术研究综述. 信息安全学报, 2018, 3(6): 13-27.

[25] Ker A D, Bas P, Böhme R, et al. Moving steganography and steganalysis from the laboratory into the real world. Proceedings of the 1st Workshop on Information Hiding and Multimedia Security, 2013: 45-58.

[26] Holub V, Fridrich J. Random projections of residuals for digital image steganalysis. IEEE Transactions on Information Forensics and Security, 2013, 8(12): 1996-2006.

[27] Denemark T, Sedighi V, Holub V, et al. Selection-channel-aware rich model for steganalysis of digital images. Proceedings of the 6th International Workshop on Information Forensics and Security, 2014: 48-53.

[28] Tang W, Li H, Luo W, et al. Adaptive steganalysis based on embedding probabilities of pixels. IEEE Transactions on Information Forensics and Security, 2015, 11(4): 734-745.

[29] Kodovský J, Sedighi V, Fridrich J. Study of cover source mismatch in steganalysis and ways to mitigate its impact. Media Watermarking, Security, and Forensics, 2014: 204-215.

[30] Denemark T D, Boroumand M, Fridrich J. Steganalysis features for content-adaptive JPEG steganography. IEEE Transactions on Information Forensics and Security, 2016, 11(8): 1736-1746.

[31] Cao Y, Zhao X, Feng D. Video steganalysis exploiting motion vector reversion-based features. IEEE Signal Processing Letters, 2012, 19(1): 35-38.

[32] Deng Y, Wu Y, Zhou L. Digital video steganalysis using motion vector recovery-based features. Applied Optics, 2012, 51(20): 4667-4677.

[33] Ren Y, Zhai L, Wang L, et al. Video steganalysis based on subtractive probability of optimal matching feature. Proceedings of the 2nd Workshop on Information Hiding and Multimedia Security, 2014: 83-90.

[34] Wang P, Cao Y, Zhao X, et al. Motion vector reversion-based steganalysis revisited. China Summit and International Conference on Signal and Information Processing, 2015: 463-467.

[35] Zhai L, Wang L, Ren Y. Combined and calibrated features for steganalysis of motion vector-based steganography in H.264/AVC. Proceedings of the 5th Workshop on Information Hiding and Multimedia Security, 2017: 135-146.

[36] Zhang H, Cao Y, Zhao X. A steganalytic approach to detect motion vector modification using near-perfect estimation for local optimality. IEEE Transactions on Information Forensics and Security, 2017, 12(2): 465-478.

[37] Li S, Deng H, Tian H, et al. Steganalysis of prediction mode modulated data-hiding algorithms in H.264/AVC video stream. Annals of Telecommunications, 2014, 69(7): 461-473.

[38] Zhao Y, Zhang H, Cao Y, et al. Video steganalysis based on intra prediction mode calibration. Proceedings of the 14th International Workshop on Digital-forensics and Watermarking, 2015: 119-133.

[39] FFmpeg, a complete, cross-platform solution to record, convert and stream audio and video. http://ffmpeg.org/[2020-02-20].

[40] Recommendation ITU-R BT.601-7. Studio encoding parameters of digital television for standard 4:3 and wide-screen 16:9 aspect ratios. 2011.

[41] 高文, 赵德斌, 马思伟. 数字视频编码技术原理 (第 2 版). 北京: 科学出版社, 2018.

[42] ITU-T, ISO/IEC JTC1. Coding of moving pictures and associated audio for digital storage media at up to about 1,5 Mbit/s — Part 2: Video. 1990.

[43] ITU-T, ISO/IEC JTC1. Generic coding of moving pictures and associated audio information — Part 2: Video. 1994.

[44] Gonzalez R C, Woods R E. Digital Image Processing (3rd edition). Bergen County: Prentice Hall, 2007.

[45] ITU-T. Video code for audiovisual services at px64 Kbit/s. 1990.

[46] ITU-T. Recommendation H.263 — Video coding for low bit rate communication. 1995.

[47] ISO/IEC JTC1. Coding of audio-visual objects — Part 2: Visual. 2001.

[48] Joint Collaborative Team on Video Coding (JCT-VC). Advanced video coding for generic audiovisual services. 2003.

[49] Sullivan G J, Ohm J R, Han W J, et al. Overview of the high efficiency video coding HEVC standard. IEEE Transactions on Circuits and Systems for Video Technology, 2012, 22(12): 1649-1668.

[50] 陈靖, 刘京, 曹喜信. 深入理解视频编解码技术：基于 H.264 标准及参考模型. 北京: 北京航空航天大学出版社, 2012.

[51] Malvar H S, Hallapuro A, Karczewicz M, et al. Low-complexity transform and quantization in H.264/AVC. IEEE Transactions on Circuits and Systems for Video Technology, 2003, 13(7): 598-603.

[52] 万帅, 杨付正. 新一代高效视频编码 H.265/HEVC: 原理、标准与实现. 北京: 电子工业出版社, 2014.

[53] Marpe D, Schwarz H, Wiegand T. Context-based adaptive binary arithmetic coding in the H.264/AVC video compression standard. IEEE Transactions on Circuits and Systems for Video Technology, 2003, 13(7): 620-636.

[54] Jordan F, Kutter M, Ebrahimi T. Proposal of a watermarking technique for hiding/retrieving data in compressed and decompressed video. ISO/IEC Doc. JTC1/SC 29/QWG 11 MPEG 97/M 2281, 1997.

[55] Dai Y, Zhang L, Yang Y. A new method of MPEG video watermarking technology. Proceedings of the 4th International Conference on Communication Technology, 2003: 1845-1847.

[56] Xu C, Ping X, Zhang T. Steganography in compressed video stream. Proceedings of the 1st International Conference on Innovative Computing, Information and Control, 2006: 269-272.

[57] Fang D, Chang L. Data hiding for digital video with phase of motion vector. Proceedings of the 18th International Symposium on Circuits and Systems, 2006: 1422-1425.

[58] Zhang C, Su Y, Zhang C. A new video steganalysis algorithm against motion vector steganography. Proceedings of the 4th International Conference on Wireless Communications, Networking and Mobile Computing, 2008: 1-4.

[59] Su Y, Zhang C, Zhang C. A video steganalytic algorithm against motion-vector-based steganography. Signal Processing, 2011, 91(8): 1901-1909.

[60] He X, Luo Z. A novel steganographic algorithm based on the motion vector phase. Proceedings of the 1st International Conference on Computer Science and Software Engineering, 2008: 822-825.

[61] Aly H A. Data hiding in motion vectors of compressed video based on their associated prediction error. IEEE Transactions on Information Forensics and Security, 2011, 6(1): 14-18.

[62] Kodovský J, Fridrich J. Calibration revisited. Proceedings of the 11th Workshop on Multimedia and Security, 2009: 63-74.

[63] Jing H, He X, Han Q, et al. Motion vector based information hiding algorithm for H.264/AVC against motion vector steganalysis. Proceedings of the 3rd Asian Conference on Intelligent Information and Database Systems, 2012: 91-98.

[64] Zhao L, Zhong W. A novel steganography algorithm based on motion vector and matrix encoding. Proceedings of the 3rd International Conference on Communication Software and Networks, 2011: 406-409.

[65] Cao Y, Zhao X, Feng D, et al. Video steganography with perturbed motion estimation. Proceedings of the 13th International Workshop on Information Hiding, 2011: 193-207.

[66] Cao Y, Zhao X, Li F, et al. Video steganography with multi-path motion estimation. Media Watermarking, Security, and Forensics, 2013: 186-191.

[67] Yao Y, Zhang W, Yu N, et al. Defining embedding distortion for motion vector-based video steganography. Multimedia Tools and Applications, 2015, 74(24): 11163-11186.

[68] Wang K, Zhao H, Wang H. Video steganalysis against motion vector-based steganography by adding or subtracting one motion vector value. IEEE Transactions on Information Forensics and Security, 2014, 9(5): 741-751.

[69] Fridrich J, Soukal D. Matrix embedding for large payloads. IEEE Transactions on Information Forensics and Security, 2006, 1(3): 390-395.

[70] Kim Y, Duric Z, Richards D. Modified matrix encoding technique for minimal distortion steganography. Proceedings of the 9th International Workshop on Information Hiding, 2006: 314-327.

[71] Fridrich J, Goljan M, Lisonek P, et al. Writing on wet paper. IEEE Transactions on Signal Processing, 2005, 53(10): 3923-3935.

[72] Filler T, Judas J, Fridrich J. Minimizing embedding impact in steganography using trellis-coded quantization. Media Forensics and Security II, 2010: 38-51.

[73] Filler T, Judas J, Fridrich J. Minimizing additive distortion in steganography using syndrome-trellis codes. IEEE Transactions on Information Forensics and Security, 2011, 6(3): 920-935.

[74] Pevný T, Filler T, Bas P. Using high-dimensional image models to perform highly undetectable steganography. Proceedings of the 12th International Workshop on Information Hiding, 2010: 161-177.

[75] Holub V, Fridrich J, Denemark T. Universal distortion function for steganography in an arbitrary domain. EURASIP Journal on Information Security, 2014, (1): 1-13.

[76] Holub V, Fridrich J. Designing steganographic distortion using directional filters. Proceedings of the 4th International Workshop on Information Forensics and Security, 2012: 234-239.

[77] Li B, Wang M, Huang J, et al. A new cost function for spatial image steganography. Proceedings of the 21st International Conference on Image Processing, 2014: 4206-4210.

[78] Guo L, Ni J, Shi Y Q. Uniform embedding for efficient JPEG steganography. IEEE Transactions on Information Forensics and Security, 2014, 9(5): 814-825.

[79] Fridrich J, Goljan M, Soukal D. Perturbed quantization steganography with wet paper codes. Proceedings of the 6th Workshop on Multimedia and Security, 2004: 4-15.

[80] Cao Y, Zhang H, Zhao X, et al. Video steganography based on optimized motion estimation perturbation. Proceedings of the 3rd Workshop on Information Hiding and Multimedia Security, 2015: 25-31.

[81] Zhang H, Cao Y, Zhao X. Motion vector-based video steganography with preserved local optimality. Multimedia Tools and Applications, 2016, 75(21): 13503-13519.

[82] Golomb S. Run-length encodings. IEEE Transactions on Information Theory, 1966, 12(3): 399-401.

[83] Fan X, Li H, Yi J, et al. Motion estimation steganography based on H.264. Proceedings of the 9th International Conference on Software Engineering and Service Science, 2018: 249-254.

[84] Cao Y, Wang Y, Zhao X, et al. Cover block decoupling for content-adaptive H.264 steganography. Proceedings of the 6th Workshop on Information Hiding and Multimedia Security, 2018: 23-30.

[85] Noorkami M, Mersereau R M. Compressed-domain video watermarking for H.264. Proceedings of the 12th International Conference on Image Processing, 2005: 890-893.

[86] Noorkami M, Mersereau R M. A framework for robust watermarking of H.264-encoded video with controllable detection performance. IEEE Transactions on Information Forensics and Security, 2007, 2(1): 14-23.

[87] 张英男, 张敏情, 钮可. 基于灰色关联分析的 H.264/AVC 视频隐写算法. 武汉大学学报 (理学版), 2014, (6): 524-530.

[88] 邓聚龙. 灰色系统基本方法. 武汉: 华中工学院出版社, 1987.

[89] Shahid Z, Chaumont M, Puech W. Considering the reconstruction loop for data hiding of intra- and inter-frames of H.264/AVC. Signal, Image and Video Processing, 2013, 7(1): 75-93.

[90] Xie P, Zhang H, You W, et al. Adaptive VP8 steganography based on deblocking filtering. Proceedings of the 7th Workshop on Information Hiding and Multimedia Security, 2019: 25-30.

[91] Gong X, Lu H M. Towards fast and robust watermarking scheme for H.264 video. Proceedings of the 10th International Symposium on Multimedia, 2008: 649-653.

[92] Huo W, Zhu Y, Chen H. A controllable error-drift elimination scheme for watermarking algorithm in H.264/AVC stream. IEEE Signal Processing Letters, 2011, 18(9): 535-538.

[93] Ma X, Li Z, Tu H, et al. A data hiding algorithm for H.264/AVC video streams without intra-frame distortion drift. IEEE Transactions on Circuits and Systems for Video Technology, 2010, 20(10): 1320-1330.

[94] Liu Y, Li Z, Ma X, et al. A robust data hiding algorithm for H.264/AVC video streams. Journal of Systems and Software, 2013, 86(8): 2174-2183.

[95] Liu Y, Hu M, Ma X, et al. A new robust data hiding method for H.264/AVC without intra-frame distortion drift. Neurocomputing, 2015, 151(3): 1076-1085.

[96] 王丽娜, 叶猛, 翟黎明, 等. 一种改进的 H.264 视频防失真漂移隐写算法. 武汉大学学报 (理学版), 2015, (1): 34-40.

[97] Chang P C, Chung K L, Chen J J, et al. A DCT/DST-based error propagation-free data hiding algorithm for HEVC intra-coded frames. Journal of Visual Communication and Image Representation, 2014, 25(2): 239-253.

[98] Wang P, Cao Y, Zhao X, et al. A steganalytic algorithm to detect DCT-based data hiding methods for H.264/AVC videos. Proceedings of the 5th Workshop on Information Hiding and Multimedia Security, 2017: 123-133.

[99] Holub V, Fridrich J. Low-complexity features for JPEG steganalysis using undecimated DCT. IEEE Transactions on Information Forensics and Security, 2015, 10(2): 219-228.

[100] Wang Y, Cao Y, Zhao X. Video steganalysis based on centralized error detection in spatial domain. Proceedings of the 12th International Conference on Information Security and Cryptology, 2016: 472-483.

[101] Hu Y, Zhang C, Su Y. Information hiding based on intra prediction modes for H.264/AVC. Proceedings of the 7th International Conference on Multimedia and Expo, 2007: 1231-1234.

[102] 胡洋, 张春田, 苏育挺. 基于 H.264/AVC 的视频信息隐藏算法. 电子学报, 2008, 36(4): 690-694.

[103] Zhu H, Wang R, Xu D, et al. Information hiding algorithm for H.264 based on the prediction difference of Intra_4 × 4. Proceedings of the 3rd International Congress on Image and Signal Processing, 2010: 487-490.

[104] Xu D, Wang R, Wang J. Prediction mode modulated data-hiding algorithm for H.264/AVC. Journal of Real-Time Image Processing, 2012, 7(4): 205-214.

[105] 徐达文, 王让定. 一种基于预测模式的 H.264/AVC 视频信息隐藏改进算法. 光电工程, 2011, 38(11): 93-99.

[106] Yang G, Li J, He Y, et al. An information hiding algorithm based on intra-prediction modes and matrix coding for H.264/AVC video stream. AEU-International Journal of Electronics and Communications, 2011, 65(4): 331-337.

[107] Bouchama S, Hamami L, Aliane H. H.264/AVC data hiding based on intra prediction modes for real-time applications. Proceedings of the 20th World Congress on Engineering and Computer Science, 2012: 655-658.

[108] Wang J, Wang R, Li W, et al. A large-capacity information hiding method for HEVC video. Proceedings of the 3rd International Conference on Computer Science and Service System, 2014: 139-142.

[109] 王家骥, 王让定, 李伟, 等. 一种基于帧内预测模式的 HEVC 视频信息隐藏算法. 光电子·激光, 2014, 25(8): 1578-1585.

[110] Ojala T, Pietikäinen M, Mäenpää T. Multiresolution gray-scale and rotation invariant texture classification with local binary patterns. IEEE Transactions on Pattern Analysis and Machine Intelligence, 2002, 24(7): 971-987.

[111] Wang J, Wang R, Li W, et al. An information hiding algorithm for HEVC based on intra prediction mode and block code. Sensors & Transducers, 2014, 177(8): 230-237.

[112] Liu C H, Chen O T C. Data hiding in inter and intra prediction modes of H.264/AVC. Proceedings of the 20th International Symposium on Circuits and Systems, 2008: 3025-3028.

[113] Kapotas S K, Skodras A N. Real time data hiding by exploiting the IPCM macroblocks in H.264/AVC streams. Journal of Real-Time Image Processing, 2009, 4(1): 33-41.

[114] Wang Y, Cao Y, Zhao X, et al. A prediction mode-based information hiding approach for H.264/AVC videos minimizing the impacts on rate-distortion optimization. Proceedings of the 16th International Workshop on Digital-forensics and Watermarking, 2017: 163-176.

[115] Filler T, Fridrich J. Gibbs construction in steganography. IEEE Transactions on Information Forensics and Security, 2010, 5(4): 705-720.

[116] Wang Y, Cao Y, Zhao X, et al. Maintaining rate-distortion optimization for IPM-based video steganography by constructing isolated channels in HEVC. Proceedings of the 6th Workshop on Information Hiding and Multimedia Security, 2018: 97-107.

[117] Dong Y, Sun T, Jiang X. A high capacity HEVC steganographic algorithm using intra prediction modes in multi-sized prediction blocks. Proceedings of the 17th International Workshop on Digital-forensics and Watermarking, 2018: 233-247.

[118] Dong Y, Jiang X, Sun T, et al. Coding efficiency preserving steganography based on HEVC steganographic channel model. Proceedings of the 16th International Workshop on Digital-forensics and Watermarking, 2017: 149-162.

[119] Cao H, Zhou J, Yu S. An implement of fast hiding data into H.264 bitstream based on intra-prediction coding. MIPPR 2005: SAR and Multispectral Image Processing, 2005: 123 - 130.

[120] Kim D W, Choi Y G, Kim H S, et al. The problems in digital watermarking into intra-frames of H.264/AVC. Image and Vision Computing, 2010, 28(8): 1220 - 1228.

[121] 王让定, 朱洪留, 徐达文. 基于编码模式的 H.264/AVC 视频信息隐藏算法. 光电工程, 2010, 37(5): 144-150.

[122] Kapotas S K, Skodras A N. A new data hiding scheme for scene change detection in H.264 encoded video sequences. Proceedings of the 8th International Conference on Multimedia and Expo, 2008: 277-280.

[123] Chen S C, Shyu M L, Zhang C, et al. Video scene change detection method using unsupervised segmentation and object tracking. Proceedings of the 1st International Conference on Multimedia and Expo, 2001: 57-60.

[124] Oh J, Hua K A, Liang N. Content-based scene change detection and classification technique using background tracking. Multimedia Computing and Networking, 1999: 254-265.

[125] Han S H, Kweon I S. Shot detection combining Bayesian and structural information. Storage and Retrieval for Media Databases, 2001: 509-516.

[126] Shanableh T. Altering split decisions of coding units for message embedding in HEVC. Multimedia Tools and Applications, 2017, 77(2): 8939-8953.

[127] Zhang H, Cao Y, Zhao X, et al. Video steganography with perturbed macroblock partition. Proceedings of the 2nd Workshop on Information Hiding and Multimedia Security, 2014: 115-122.

[128] Zhang W, Zhang X, Wang S. Maximizing steganographic embedding efficiency by combining hamming codes and wet paper codes. Proceedings of the 10th International Workshop on Information Hiding, 2008: 60-71.

[129] 张弘, 曹纭, 赵险峰. 基于帧间预测模式回复特性检测的视频隐写分析方法、装置、设备和计算机可读存储介质: 中国, 201711021119.7. 2019.

[130] Yang X Y, Zhao L Y, Niu K. An efficient video steganography algorithm based on sub-macroblock partition for H.264/AVC. Advanced Materials Research, 2012, 433-440(4): 5384-5389.

[131] Mobasseri B G, Marcinak M P. Watermarking of MPEG-2 video in compressed domain using VLC mapping. Proceedings of the 7th Workshop on Multimedia and Security, 2005: 91-94.

[132] Lu C S, Chen J R, Fan K C. Real-time frame-dependent video watermarking in VLC domain. Signal Processing: Image Communication, 2005, 20(7): 624-642.

[133] Liu B, Liu F, Ni D. Adaptive compressed video steganography in the VLC-domain. Proceedings of the 9th International Conference on Wireless, Mobile and Multimedia Networks, 2006: 1-4.

[134] Kim S M, Kim S B, Hong Y, et al. Data hiding on H.264/AVC compressed video. Proceedings of the 4th International Conference Image Analysis and Recognition, 2007: 698-707.

[135] Li X, Chen H, Wang D, et al. Data hiding in encoded video sequences based on H.264. Proceedings of the 3rd International Conference on Computer Science and Information Technology, 2010: 121-125.

[136] Liao K, Lian S, Guo Z, et al. Efficient information hiding in H.264/AVC video coding. Telecommunication Systems, 2012, 49(2): 261-269.

[137] Lin Y, Hsu I. CAVLC codewords substitution for H.264/AVC video data hiding. The 26th International Conference on Consumer Electronics, 2014: 492-493.

[138] Kwon S K, Tamhankar A, Rao K. Overview of H.264/MPEG-4 part 10. Journal of Visual Communication and Image Representation, 2006, 17(2): 186-216.

[139] Niu K, Zhong W. A video steganography scheme based on H.264 bitstreams replaced. Proceedings of the 4th International Conference on Software Engineering and Service Science, 2013: 447-450.

[140] Shobitha G, Kumar K K. Implementation of CAVLD architecture using binary tree structures and data hiding for H.264/AVC using CAVLC & Exp-Golomb codeword substitution. International Journal of Computer Science and Mobile Computing, 2016, 5(3): 540-549.

[141] Lin S D, Chuang C Y, Chen M J. A CAVLC-based video watermarking scheme for H.264/AVC codec. International Journal of Innovative Computing, Information and Control, 2011, 7(11): 6359-6367.

[142] You W, Cao Y, Zhao X. Information hiding using CAVLC: misconceptions and a detection strategy. Proceedings of the 16th International Workshop on Digital-forensics and Watermarking, 2017: 187-201.

[143] Wong K, Tanaka K. A data hiding method using mquant in MPEG domain. The Journal of the Institute of Image Electronics Engineers of Japan, 2008, 37(3): 256-267.

[144] Shanableh T. Data hiding in MPEG video files using multivariate regression and flexible macroblock ordering. IEEE Transactions on Information Forensics and Security, 2012, 7(2): 455-464.

[145] Zhang H, Cao Y, Zhao X, et al. Data hiding in H.264/AVC video files using the coded block pattern. Proceedings of the 15th International Workshop on Digital-forensics and Watermarking, 2016: 588-600.

[146] Shi Y Q, Li X, Zhang X, et al. Reversible data hiding: advances in the past two decades. IEEE Access, 2016, 4: 3210-3237.

[147] Ni Z, Shi Y Q, Ansari N, et al. Reversible data hiding. IEEE Transactions on Circuits and Systems for Video Technology, 2006, 16(3): 354-362.

[148] Tian J. Reversible data embedding using a difference expansion. IEEE Transactions on Circuits and Systems for Video Technology, 2003, 13(8): 890-896.

[149] Chung K L, Huang Y H, Chang P C, et al. Reversible data hiding-based approach for intra-frame error concealment in H.264/AVC. IEEE Transactions on Circuits and Systems for Video Technology, 2010, 20(11): 1643-1647.

[150] Xu D, Wang R, Shi Y Q. Reversible data hiding in encrypted H.264/AVC video streams. Proceedings of the 12th International Workshop on Digital-forensics and Watermarking, 2013: 141-152.

[151] Xu D, Wang R, Shi Y Q. An improved reversible data hiding-based approach for intra-frame error concealment in H.264/AVC. Journal of Visual Communication and Image Representation, 2014, 25(2): 410-422.

[152] Liu Y, Ju L, Hu M, et al. A robust reversible data hiding scheme for H.264 without distortion drift. Neurocomputing, 2015, 151(3): 1053-1062.

[153] Vural C, Baraklı B. Reversible video watermarking using motion-compensated frame interpolation error expansion. Signal, Image and Video Processing, 2015, 9(7): 1613-1623.

[154] Thodi D M, Rodríguez J J. Expansion embedding techniques for reversible watermarking. IEEE Transactions on Image Processing, 2007, 16(3): 721-730.

[155] Sharp T. An implementation of key-based digital signal steganography. Proceedings of the 4th International Workshop on Information Hiding, 2001: 13-26.

[156] 管萌萌, 曹纭, 张怡暄, 等. 基于自适应奇异值调制的抗转码视频隐写算法. 信息安全学报, 2018, 3(6): 42-54.

[157] Pevnỳ T, Fridrich J. Merging Markov and DCT features for multi-class JPEG steganalysis. Security, Steganography, and Watermarking of Multimedia Contents IX, 2007: 650503.

[158] Pevnỳ T, Bas P, Fridrich J. Steganalysis by subtractive pixel adjacency matrix. IEEE Transactions on Information Forensics and Security, 2010, 5(2): 215-224.

[159] Xu X, Dong J, Tan T. Universal spatial feature set for video steganalysis. Proceedings of the 19th International Conference on Image Processing, 2012: 245-248.

[160] Wu J, Zhang R, Chen M, et al. Steganalysis of MSU stego video based on discontinuous coefficient. Proceedings of the 2nd International Conference on Computer Engineering and Technology, 2010: 96-99.

[161] Ren Y, Wang M, Zhao Y, et al. Steganalysis of MSU stego video based on block matching of interframe collusion and motion detection. Wuhan University Journal of Natural Sciences, 2012, 17(5): 441-446.

[162] Mstafa R J, Elleithy K M, Abdelfattah E. A robust and secure video steganography method in DWT-DCT domains based on multiple object tracking and ECC. IEEE Access, 2017, 5: 5354-5365.

[163] Zhai L, Wang L, Ren Y. Multi-domain embedding strategies for video steganography by combining partition modes and motion vectors. Proceedings of the 19th International Conference on Multimedia and Expo, 2019: 1402-1407.

[164] Zhai L, Wang L, Ren Y. Universal detection of video steganography in multiple domains based on the consistency of motion vectors. IEEE Transactions on Information Forensics and Security, 2020, 15: 1762-1777.

附录 A 实 验

A.1 视频隐写软件的使用

实验目的

（1）学会使用隐写软件 MSU StegoVideo 和 OpenPuff 对视频文件进行秘密信息嵌入和提取。

（2）通过分析隐写和非隐写视频，推测两个软件内置视频隐写算法的原理。

实验环境

（1）Windows 7 或以上版本操作系统。

（2）实验所需主要文件及其功能说明如下。

MSU_stego_video.exe：支持 AVI 格式视频的信息隐藏软件。

OpenPuff.exe：支持图像、视频、音频等多媒体类型的信息隐藏软件。

实验步骤

MSU StegoVideo 软件使用步骤如下。

（1）打开 MSU StegoVideo 软件，选择"Hide file in video"功能。

（2）选择原始视频和待嵌密息文件，并设置隐写视频文件名。

（3）选择压缩视频，软件列出计算机中已安装的编解码器，用于压缩视频。（该步骤可跳过）

（4）设置隐藏参数噪声水平（noise level）和数据冗余度（data redundancy）。

（5）保存软件自动生成的密钥。点击"确认"按钮，软件开始嵌入操作。

（6）选择"Extract file from video"功能。

（7）选择隐写后视频以及提取消息文件的保存路径，输入步骤（5）中保存的密钥完成秘密消息提取。

（8）对照 MSU StegoVideo 隐写和非隐写视频样本，推测 MSU StegoVideo 视频隐写算法原理。

OpenPuff 软件使用步骤如下。

（1）打开 OpenPuff 软件，主界面选择"Steganography"中"Hide"功能。选择待嵌文件、嵌入载体并设置嵌入率。

（2）输入三组线性相关度①较低的加密密钥用于隐写信息的加密。

---

① 软件中线性相关度通过汉明距离度量。

（3）点击"Hide Data!"按钮生成隐写视频。

（4）返回主界面，选择"Steganography"中"Unhide"功能，选择隐写视频，输入步骤（2）设置的三组密钥，选择提取密息存放路径，点击"Unhide!"按钮。

（5）对比原始视频和隐写视频，推测 OpenPuff 采用的隐写算法原理。

实验提示

（1）有关 MSU StegoVideo 和 OpenPuff 的原理简介和使用方法，详见 7.6节。

（2）MSU StegoVideo 下载链接：

https://www.compression.ru/video/stego_video/index_en.html

（3）OpenPuff 下载链接：

https://embeddedsw.net/OpenPuff_download.html

（4）MSU StegoVideo 隐写算法具备抗压缩能力，故分析 MSU StegoVideo 的隐写算法时，可从视频的空域特征出发。

（5）推测 OpenPuff 隐写算法原理时，可利用 UltraCompare 等二进制文件比较工具对比隐写和非隐写视频的二进制码流，着重比较头部信息差异。

A.2　基于开源库的视频解码仿真

实验目的

（1）了解视频解码流程以及 FFmpeg 解码视频的关键函数。

（2）学会调用 FFmpeg 官网提供的静态库、动态库或源码。实现解码 MP4 格式视频文件并输出 YUV 视频文件的功能。

实验环境

（1）Windows 7 或以上版本的操作系统。

（2）FFmpeg 3.3 或以上版本。

（3）Visual Studio 2013 或以上版本。

实验步骤

（1）下载 FFmpeg 的 shared 和 dev 链接版本。

（2）利用 Visual Studio 或其他集成开发环境新建项目，并配置相关开发环境。

（3）选取视频帧数大于 25 帧的 MP4 视频文件。

（4）注册和编解码器有关的组件，包括硬件加速器，解码器，编码器，Parser，Bitstream Filter，复用器，解复用器，协议处理器。

（5）打开输入视频文件，读取视频数据并获得相关信息。

（6）查找并打开解码器。

（7）读取一帧视频数据，并解码。将解码后的数据写入 YUV 文件。

（8）重复步骤（7），直至所有视频帧都已解码。关闭解码器和关闭输入视频文件。

（9）尝试能否正确播放解码后的 YUV 文件。

实验提示

（1）FFmpeg 相关资源下载链接：

`https://ffmpeg.zeranoe.com/builds/`

（2）FFmpeg 解码核心函数在 libavcodec、libavformat 类库中。

（3）项目所需的头文件和.lib 库在 FFmpeg 的 dev 链接版本中，所需的.dll 在 FFmpeg 的 shared 链接版本中。

（4）建议将代码生成可执行文件，利用命令行参数设置输入输出文件，如"app -i in.mp4 -o out.yuv"。

A.3 视频帧内编解码简单仿真

实验目的

（1）了解视频压缩中帧内压缩编码、解码的基本原理。

（2）能够编程实现帧内预测编解码功能。

（3）根据帧内编码前的 YUV 文件，计算解码后的 PSNR 值。

实验环境

（1）Windows 7 或以上操作系统。

（2）MATLAB 2012 或以上版本。

（3）Visual Studio 2013 或以上版本。

实验步骤

（1）输入不少于 10 帧的 YUV 文件。

（2）读取每一帧数据，以块为单位进行帧内预测。以同一帧内的临近像素进行参考，计算各个预测模式下的预测块。

（3）原始值减去预测块，得到残差块。

（4）对残差块进行变换编码与量化。（该步骤可省略）

（5）进行反量化和逆变换得到残差块的近似值。（该步骤可省略）

（6）将残差块的近似值加上预测块得到重构块。（若省略步骤（4）、（5），则重构块为预测块加上残差块，即原始值。）

（7）选择代价最小的预测模式，为简易处理，代价可为原始像素块与重构块之间的误差平方和 SSD、绝对误差和 SAD 或绝对变换误差和 SATD。（若省略步骤（4）、（5），此时原始像素块与重构块相等，则可从残差块的各个像素平均值等方面考虑。）

（8）保存变换量化后的残差块（若省略步骤（4）、（5），则直接保存残差块）和帧内预测模式的索引值，作为最后的帧内编码的压缩文件。

（9）进行相应的解码操作，输入帧内编码后的压缩文件，输出解码后的 YUV 文件。

（10）根据帧内编码前的 YUV 文件，计算并输出解码后每帧的 PSNR 值。

实验提示

（1）可仿照 H.264 标准中帧内压缩算法，简化相关编码流程，例如，固定预测块的大小，仅实现亮度预测。

（2）预测所用像素需是之前已帧内预测块的重构像素值。

（3）对于每一帧第一个预测的块，其没有可参考的块，可认为其预测块的每个像素值都为 128，以此进行帧内预测。

（4）帧内预测原理详见 2.4.2 节。

（5）变换编码原理详见 2.4.4 节。

（6）量化原理详见 2.4.5 节。

（7）编程环境建议但不限于 MATLAB、Visual Studio。

A.4 视频码流语法元素解析

实验目的

（1）了解 Elecard StreamEye（图 A.1）等视频码流解析工具。

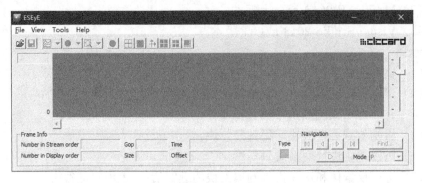

图 A.1   Elecard StreamEye （版本号：2.9.2）软件主界面

（2）学会使用 Elecard StreamEye 查看视频帧信息。

（3）使用 FFmpeg、JM 或其他 H.264 开源解码框架，读取码流文件，解码并输出视频帧信息。

实验环境

（1）Windows 7 或以上版本的操作系统。

（2）Visual Studio 2013 或以上版本。

实验步骤

（1）使用 Elecard StreamEye 打开视频，查看给定视频某一帧的信息。详细了解 Elecard StreamEye 的功能。

（2）使用 FFmpeg、JM 或其他 H.264 开源解码代码，读取码流文件，解析 NAL 单元流，定位语法结构中的宏块层，输出每帧内的宏块信息。信息应包括：每个宏块的预测类型（帧内、帧间），宏块的划分模式。若是帧内预测块，输出块对应的帧内预测模式。并与步骤（1）中利用 Elecard StreamEye 查看的结果进行比较。

实验提示

（1）JM 下载链接：

http://iphome.hhi.de/suehring/tml/download/

（2）FFmpeg 下载链接：

http://ffmpeg.org/download.html

（3）Elecard StreamEye 下载链接：

https://www.elecard.com/zh/products/video-analysis/streameye

（4）Elecard StreamEye 是一种可查看视频码流的工具，支持 MPEG-1/2/4 和 H.264 格式的分析，可以播放 H.264 码流，查看码率的平均值、最大值和最小值，查看条带分割、宏块类型、宏块划分模式、运动向量大小和方向等信息。

（5）H.264 把原始的 YUV 文件编码成码流文件，生成的码流文件就是 NAL 单元流（NAL unit stream）。而 NAL 单元流，就是 NAL 单元组成的。NAL 单元是对原始字节序列载荷（raw byte sequence payload，RBSP）进行打包生成的。而宏块类型在宏块层（macroblock_layer）中用 mb_type 表示。macroblock_layer 在 slice_data 中，slice_data 一般在 slice_layer_without_partitioning_rbsp 这个 RBSP 结构中。

A.5　变换系数域的基本嵌入算法设计与实现

实验目的

（1）了解视频隐写的基本流程和框架。

（2）能够实现变换系数域视频隐写算法。

实验环境

（1）Windows 7 或以上版本的操作系统。

（2）Visual Studio 2013 或以上版本。

实验步骤

（1）利用 Visual Studio 或其他集成开发环境新建项目，并配置相关开发环境。

（2）将密息文件以二进制码流的方式读取，并写入缓存中。

（3）编码 YUV 文件，编码过程中修改亮度分量的量化 DCT 系数的最低有效比特位，使其与秘密消息比特保持一致。生成隐写视频文件。

（4）解码隐写后的视频文件，提取亮度分量的量化 DCT 系数的最低有效比特位作为密息比特。

（5）比对提取密息与原密息，验证是否嵌入提取成功。

实验提示

（1）修改操作应在残差系数变换量化之后，反量化逆变换（用于重建帧）之前进行，如图 2.10。

（2）可只修改一种类型块的量化 DCT 系数，如 4×4 的帧内块，16×16 的帧间块[①]。

（3）修改量化 DCT 系数的隐写嵌入算法可通过修改 JM 编码端或 x264 的相关代码实现。对于 JM，可在 residual_transform_quant_luma_4×4、residual_transform_quant_luma_8×8 函数中执行修改量化 DCT 系数操作。对于 x264，可在 x264_mb_encode_i4×4、x264_mb_encode_i8×8、x264_mb_encode_i16×16 函数中实现量化 DCT 系数修改。

（4）为提高隐写安全性，建议修改非零量化 DCT 系数。同时为确保提取的正确性，应保证非零量化 DCT 系数修改后仍是非零系数。

（5）提取操作应在熵解码后。将熵解码后得到的量化 DCT 系数的最低有效比特位作为密息比特。

（6）提取密息可通过修改 JM 解码端或 FFmpeg 的相关代码上实现。根据熵编码的方式的不同，JM 可在 read_coeff_4×4_CAVLC 或 read_coeff_4×4_CABAC 函数中可获取量化 DCT 系数，FFmpeg 可在 get_vlc2 或 decode_cabac_luma_residual 函数中获取量化 DCT 系数。

（7）最终代码建议生成可执行文件，并通过命令行参数设置输入输出文件。例如嵌入消息"embed -i cover.yuv -msg msg.txt -o stego.mp4"；提取消息"extract-i stego.mp4 -o msg_ext.txt"。

---

① 对于 16×16 的帧内编码块，因为对其进行 16 个 4×4 的 DCT 变换后，会对得到的 16 个 DC 系数再进行 Hadamard 变换，然后对于 16 个 DC 系数和 240 个 AC 系数进行量化，因此修改 16×16 的帧内编码块的量化 DCT 系数时建议不修改 DC 系数。

A.6　变换系数域的基本分析方法设计与实现

实验目的

（1）了解现有针对变换系数域的专用分析方法。

（2）能够自行设计一种隐写分析特征，实现一种针对变换系数域的视频隐写分析方法。

实验环境

（1）Windows 7 或以上版本的操作系统。

（2）Visual Studio 2013 或以上版本。

实验步骤

（1）自行设计一种针对变换系数域隐写的分析特征，并在 FFmpeg 或 JM 代码上实现功能。

（2）使用实验 A.5的算法，制备 50 对在 CIF 分辨率（352×288）下的隐写和非隐写视频，视频的编码参数一致。隐写修改率小于等于 0.5。

（3）对视频样本进行特征提取，并保存特征文件。

（4）随机选取 30 对作为训练样本，20 对作为测试样本。读取对应的特征文件，利用支持向量机（support vector machine，SVM）进行训练以及测试，记录正确率。重复试验 20 次，计算平均正确率。

实验提示

（1）目前已有一些视频变换系数域分析方法，如 "Video steganalysis based on centralized error detection in spatial domain" 和 "A steganalytic algorithm to detect DCT-based data hiding methods for H.264/AVC videos" 这两篇论文所提的方法。

（2）熵编码是一种无损压缩。H.264 中采用的是基于上下文的自适应变长编码 CAVLC 和基于上下文的自适应二进制算术编码 CABAC。CAVLC 会对变换量化后的残差块进行编码，因此若直接通过修改量化 DCT 系数进行隐写，将对熵编码码字的统计特性造成影响，故可从熵编码码字出发进行隐写分析。

（3）可将 H.264 熵编码方式设置为 CAVLC，并统计视频中每个当前块值（number current，NC）对应的 CAVLC 的码字统计特征，如码字中 "1" 的比例、游程性等。

（4）建议每隔六帧或八帧输出一次特征，以增大训练样本数，提高分析正确率。

（5）在修改率小于等于 0.5 的情况下，平均分析正确率应大于 70%。

索　引